# 电商美工

## 设计手册

### （第2版）

写给设计师的书

李芳　覃海宁◎编著

清華大學出版社

北 京

# 内 容 简 介

本书是一本全面介绍电商美工设计的图书，特点是知识易懂、案例易学，在强调创意设计的同时，应用案例博采众长，举一反三。

本书从学习电商美工设计的基础知识入手，循序渐进地为读者呈现精彩实用的知识和技巧。本书共分为7章，内容分别为电商美工设计的原理、电商美工设计的元素、电商美工设计的基础色、电商美工设计中的版式、电商美工设计的行业分类、电商美工设计的视觉印象、电商美工设计的秘籍。同时还在多个章节中安排了设计理念、色彩点评、设计技巧、配色方案、设计赏析等经典模块，既丰富了本书内容，也增强了易读性和实用性。

本书内容丰富、案例精彩、版式设计新颖，不仅适合电商美工设计师、广告设计师、平面设计师学习使用，也非常适合喜爱电商美工设计的读者作为参考书，更可以作为大、中专院校电商美工设计专业、平面设计专业及电商美工设计培训机构的教材。

**图书在版编目 (CIP) 数据**

电商美工设计手册 / 李芳，覃海宁编著 . —2 版 . —北京：清华大学出版社，2023.7
（写给设计师的书）
ISBN 978-7-302-63893-3

Ⅰ . ①电⋯    Ⅱ . ①李⋯ ②覃⋯    Ⅲ . ①图像处理软件－手册    Ⅳ . ① TP391.413-62

中国国家版本馆 CIP 数据核字 (2023) 第 110998 号

责任编辑：韩宜波
封面设计：杨玉兰
责任校对：周剑云
责任印制：沈　露

出版发行：清华大学出版社
网　　　址：http://www.tup.com.cn, http://www.wqbook.com
地　　　址：北京清华大学学研大厦 A 座　　　　邮　　编：100084
社 总 机：010-83470000　　　　　　　　　　　邮　　购：010-62786544
投稿与读者服务：010-62776969, c-service@tup.tsinghua.edu.cn
质量反馈：010-62772015, zhiliang@tup.tsinghua.edu.cn
印 装 者：小森印刷霸州有限公司
经　　　销：全国新华书店
开　　　本：190mm×260mm　　　印　　张：11　　　字　　数：264 千字
版　　　次：2020 年 6 月第 1 版　　2023 年 8 月第 2 版　　印　　次：2023 年 8 月第 1 次印刷
定　　　价：69.80 元

产品编号：097281-01

前言
FOREWORD

　　本书是笔者从事电商美工设计工作多年所做的一个经验和技能总结，希望通过本书的学习可以让读者少走弯路、寻找到设计捷径。书中包含电商美工设计必学的基础知识及经典技巧。身处设计行业，你一定要知道，光说不练假把式，因此本书不仅有理论、有精彩案例赏析，还有大量的模块启发你的大脑，提高你的设计能力。

　　希望读者看完本书后，不只会说"我看完了，挺好的，作品好看，分析也挺好的"，这不是笔者编写本书的目的。希望读者会说"本书给我更多的是思路的启发，让我的思维更开阔，学会了举一反三，知识通过消化吸收变成了自己的"，这才是笔者编写本书的初衷。

## 本书共分 7 章，具体安排如下。

　　第 1 章　电商美工设计的原理，介绍电商美工设计的概念，电商美工设计的点、线、面，电商美工设计的原则。

　　第 2 章　电商美工设计的元素，包括色彩、文字、版式、创意、图形、图像。

　　第 3 章　电商美工设计的基础色，逐一分析红、橙、黄、绿、青、蓝、紫、黑、白、灰 10 种颜色，讲解每种色彩在电商美工设计中的应用规律。

　　第 4 章　电商美工设计中的版式，主要介绍 10 种常见的电商美工版式设计。

　　第 5 章　电商美工设计的行业分类，主要介绍 12 种常用行业的应用。

　　第 6 章　电商美工设计的视觉印象，主要介绍 9 种视觉印象。

　　第 7 章　电商美工设计的秘籍，精选 15 个设计秘籍，让读者轻松、愉快地了解并掌握电商美工设计的干货和技巧。本章也是对前面章节知识点的巩固和提高，需要读者认真领悟并动脑思考。

## 本书特色如下。

　　◎ 轻鉴赏，重实践。鉴赏类图书注重案例赏析，但读者往往看完后自己还是设计不好，本书则不同，增加了多个色彩点评、配色方案模块，让读者可以边看、边学、边思考。

◎ 章节合理，易吸收。第1~2章主要讲解电商美工设计的原理和基本原则；第3~6章主要介绍电商美工基础色、版式设计、行业分类、视觉印象等；第7章以简洁的语言剖析了15个设计秘籍。

◎ 由设计师编写，写给未来的设计师看。了解读者的需求，针对性强。

◎ 模块超丰富。设计理念、色彩点评、设计技巧、配色方案、设计赏析在本书中都能找到，一次性满足读者的求知欲。

◎ 本书是系列设计图书中的一本。读者不仅能系统学习电商美工设计方面的知识，而且可以全面了解电商美工设计规律和设计秘籍。

本书通过对知识的归纳总结、丰富的模块讲解，希望能够打开读者的思路，避免一味地照搬书本内容，启发读者主动多做尝试，在实践中融会贯通，举一反三。从而激发读者的学习兴趣，开启创意设计的大门，帮助读者迈出创意设计第一步，圆读者一个设计师的梦！

本书以二十大提出的推进文化自信自强的精神为指导思想，围绕国内各个院校的相关设计专业进行编写。

本书由李芳和广西经贸职业技术学院覃海宁编著，其他参与本书内容编写和整理工作的人员还有杨力、王萍、孙晓军、杨宗香等。

由于编者水平有限，书中难免存在疏漏和不妥之处，敬请广大读者批评和指正。

编　　者

目录
CONTENTS

# 第4章

## 电商美工设计中的版式

# 第5章

# 电商美工设计的行业分类

# 第6章

# 电商美工设计的视觉印象

# 第7章

# 电商美工设计的秘籍

# 电商美工设计的原理

　　随着网购的兴起，电商美工设计也变得尤为重要。它将图像、文字、图形等元素进行有机结合，把信息传递给广大受众，因此，美工设计的好坏也直接关系到店铺的经营状况以及品牌的宣传与推广。

　　在进行相关的设计时，要通过诸多元素之间的相互搭配与组合，使画面以美观而又醒目的视觉效果来向大众传递产品信息。这样才能吸引更多的观者驻足观看，从而了解店铺内容，并进行购买。

# 1.1 电商美工设计的概念

　　电商美工设计是指通过独特的设计手法或巧妙的创作构图，将店铺甚至企业门面、产品等通过图像、文字以及图形等元素来呈现的设计。随着互联网的迅速发展，受众对电商美工设计也提出了很高的要求。

　　电商美工设计不是简单地对基本元素进行组合，而是经过一些具有创意的设计，为单调的画面增添细节甚至趣味性，以此来吸引更多受众的注意力，甚至形成店铺自己独特的品牌优势，使受众一看到相应的产品或者设计，脑海中就会直接呈现出该品牌。

特点：

◆ 以宣传产品为主要目的；

◆ 创意独特且富有感染力；

◆ 色彩具有很强的视觉吸引力；

◆ 塑造令人印象深刻的店铺形象。

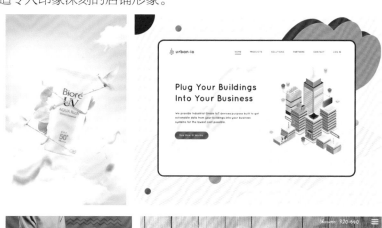

# 1.2 电商美工设计中的点、线、面

点、线、面是构成画面空间的基本元素。其中，点是构成线和面的基础，也是画面的中心。线由不同的点连接而成，具有很强的视觉延伸性，可以很好地引导受众的视线。面则是由无数的线构成，不同的线构成不同的面，相对于点与线来说，面具有更强的视觉感染力。

## ◎1.2.1 点

点是一种没有形状的元素，它无处不在，可以根据不同需求随意变形。在电商美工设计中，合适的点可以形成画面的视觉焦点，从而增强广告的吸引力，以此吸引更多受众注意。

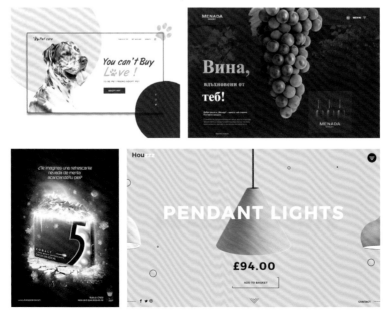

## ◎ 1.2.2　线

　　线是由点的移动、搭配组合而成的轨迹。在电商美工设计中，线构成图形的基本框架。不同的线可以给人不同的视觉感受，如直线具有坦率、开朗、活泼的特征；而曲线则较为圆润、柔和。不同数量以及方向的线所构成的形态，具有不同的美感。相对于点来说，线具有很强的表现性，它能够控制画面的节奏感。

## ◎ 1.2.3　面

　　面是由众多线组合而成。在电商美工设计中，面是构成空间的一部分，而不同的面组成的形态可以使画面呈现不同的效果。多种面的组合，可以为画面增添感染力。明暗的面相组合，能够增强画面的层次感。

# 1.3 电商美工设计的原则

在电商美工设计的过程中，除了要将各种元素进行合理的安排之外，还要遵循一定的原则，如实用性原则、商业性原则、艺术性原则、趣味性原则等。

不同的原则有不同的设计要求，要根据具体的情况与店铺性质进行相关设计。

### ◎ 1.3.1　实用性原则

　　实用性原则是指在电商美工设计中将产品具有的特征与功效进行直观的呈现，让消费者一目了然，进而形成一定的情感共鸣。设计者在设计时要知道消费者想要的是什么，并以此来作为创作的出发点，这样不仅能够直接吸引受众眼球，同时也非常有利于品牌的宣传与推广。

### ◎ 1.3.2　商业性原则

　　商业性原则强调电商美工设计在遵循实用性的基础上应兼顾商品的经济性，因为电商美工的设计的目的之一就是为了获得经济利益，因此在进行相关的设计时，除了应呈现产品的特征和功效外，还要形成一定的商业价值。

### ◎1.3.3　艺术性原则

艺术性原则是指增强电商美工版面的感染力，激发人们的心理共鸣，从而吸引人们的注意力。

在进行相关的设计时，可以运用一些较为艺术的夸张造型或者小元素，以其艺术性来增强广告的可欣赏性。这样在增强版面的视觉感染力、加深消费者印象的同时，也能提高广告的宣传效果。

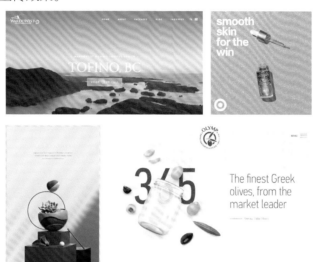

### ◎1.3.4　趣味性原则

随着生活节奏的不断加快，人们的压力也逐渐增大。因此，一些具有趣味效果的产品或者广告设计作品就更容易得到受众的青睐。因为这样可以让其暂时逃离"压力山大"的生活，获得片刻的喘息。

在进行相关的设计时，可以运用趣味性原则，在版面中添加一些具有趣味性的小元素，或者将主体物进行创意的改造，以此吸引更多受众注意。

# 第2章 电商美工设计的元素

网络购物不断发展，目前已经成为人们日常生活中不可或缺的一部分，在许多地区人们往往足不出户就可以买到自己所需要的东西。因此，电商美工设计就变得十分重要，它不仅可以将产品形象进行适当的艺术加工，以此来吸引更多受众的注意；同时也可以将信息更加直观、醒目地传播，给受众深刻的视觉印象。

电商美工设计的元素有色彩、文字、版式、创意、图形、图像等。虽然有不同的设计元素，但是在进行相关的设计时，也要根据需要将不同的元素进行合理搭配。不仅要与企业文化以及企业形象相符合，同时也要能够吸引受众注意，从而产生品牌宣传的效果。

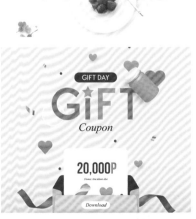

# 2.1 色彩

不同的色彩可以为受众带去不同的心理感受与视觉体验。比如，红色代表热情、开朗；蓝色代表安全、可靠；绿色代表健康、卫生；黑色代表稳重、理性。除此之外，同一种颜色因为色相、明度以及纯度的不同，其具有的色彩情感也会发生变化。

因此，在对电商美工进行设计时，要根据企业文化、经营理念、受众人群、产品特性等特征来选取合适的颜色。只有这样才可以最大限度地吸引受众注意，同时促进品牌的宣传与推广。

特点：

◆ 色彩既可活泼、热情，也可安静、文艺；

◆ 不同纯度之间的变化，可增强画面的视觉层次感；

◆ 冷暖色调搭配，让画面更加协调；

◆ 运用对比色增强视觉冲击力；

◆ 适当的黑色点缀让画面显得更加干净、沉稳。

## ◎2.1.1 活跃积极的色彩元素

现代社会的生活节奏很快，人们也承受着较大的压力，所以具有活跃、积极的色彩特征的视觉传达更容易得到受众的青睐。这样不仅可以让其暂时逃离快节奏的高压生活，同时也可以促进品牌的宣传与推广。

设计理念：这是个人美食分享的博客网页界面设计。通过将放大的食物作为首页开屏展示，形成最直观的吸引力，直截了当地表明了网页主题，最大限度地吸引客户的目光并刺激食欲。

色彩点评：整体页面以亮灰色作为背景色，较高的明度使页面呈现明亮、洁净的视觉效果，带来清爽、简约、干净的视觉感受。同时无彩色可以更好地衬托各种食物照片，使其色彩更加鲜艳，更显美味可口。

🔵网页版面中有大量留白，使整体版面具有较强的通透感，同时使文字与图片具有更大的展示空间。

🔵版面中图文分离排版带来规整、有序、层次分明的视觉效果，使文字内容更加清晰，能够将信息直接传达。

■ RGB=247,247,247 CMYK=4,3,3,0
■ RGB=6,6,6 CMYK=91,86,86,77
■ RGB=177,107,50 CMYK=38,66,89,1
■ RGB=249,185,4 CMYK=6,35,91,0
■ RGB=171,38,64 CMYK=40,97,73,4
■ RGB=172,178,80 CMYK=41,25,79,0

这是一款天气App的展示界面设计。根据气温的不同，将界面中风景元素进行调换，既展示出不同环境的自然与人工元素，同时通过插画的形式增加活泼感与趣味性，提升整体的亲和力。

■ RGB=128,220,255 CMYK=49,0,3,0
□ RGB=255,255,255 CMYK=0,0,0,0
■ RGB=134,185,45 CMYK=55,12,96,0
■ RGB=255,236,120 CMYK=5,8,61,0
■ RGB=181,153,106 CMYK=36,42,62,0

这是一款打车App的界面设计。界面采用粉色、淡青色与柿色等浅色调的色彩，为消费者带来清新、青春、活泼的视觉感受，更易获得女性的喜爱。

■ RGB=232,185,204 CMYK=11,36,9,0
■ RGB=185,224,228 CMYK=33,3,13,0
■ RGB=249,198,165 CMYK=2,30,35,0
■ RGB=41,104,226 CMYK=83,59,0,0
□ RGB=252,253,253 CMYK=1,0,1,0
■ RGB=37,36,50 CMYK=86,85,66,49

# ◎2.1.2 色彩元素设计技巧——合理运用色彩影响受众心理

色彩对人们心理情感的影响是非常大的，特别是在现在这个快节奏的社会中。在运用色彩元素对电商美工进行设计时，要根据企业的经营理念，选用合适的色彩，与受众形成心理层面的共鸣。

该网页首页整体的色彩明度较高，采用青色与淡橘色两种对比色进行搭配，并融入少量的孟菲斯元素，使页面更显活泼、欢快，整体风格个性鲜明。

这是美食电商移动支付 App 的界面设计。将移动支付的界面效果作为展示主图，配以简单的说明文字，对信息进行直接传达。

以明度和纯度较高的蓝色作为背景主色调，一方面能够凸显版面内容；另一方面也强调该移动支付的安全性。而少量黄色的点缀，使画面显得柔和、稳重，从而进一步赢得受众的信赖。

## 配色方案

双色配色　　　　　三色配色　　　　　四色配色

## 色彩元素设计赏析

**Beautiful minds begin with advanced nutrition**

Neurologist-crafted vitamins. Trusted ingredients.
For your growing nest.

# 2.2 文字

　　文字是电商美工设计的一个重要的组成元素。文字除了具有进行信息传达的功能之外，在整个画面的布局中也发挥着重要的作用。相同的文字，采用不同的字体，也会给受众带去不同的视觉体验。

　　因此，在电商美工设计中，要运用好"文字"这一元素。不仅要将其与图形进行有机结合、合理搭配，同时也要根据企业的具体经营理念，选择合适的字体以及字号。

特点：

- ◆ 将个别文字进行变形，增强版面的创意感与趣味性；
- ◆ 将文字作为展示主题，进行信息的直接传达；
- ◆ 使文字与图形进行有机结合，增强画面的可读性；
- ◆ 将单独文字适当放大吸引受众注意力；
- ◆ 将文字与其他元素进行完美结合。

## ◎2.2.1 清晰直观的文字元素

　　在电商美工设计中，文字元素也是十分重要的。虽然图像可以将信息进行更为直观的传播，同时吸引受众注意，但相应的文字说明也是必不可少的。而且清晰、直观的文字元素，不仅可以起到补充说明的作用，也可以丰富画面的细节效果。

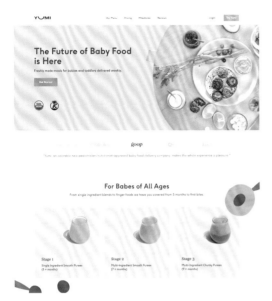

强的视觉吸引力。

色彩点评：整个网页以淡黄色与白色为主，通过两种高明度色彩的搭配，增强网页的视觉冲击力，同时带来明快、阳光的视觉印象。

① 主图部分采用图文分离的形式，有利于信息的传达，同时较大的字体突出展现其主题内容。

② 版面下方的详情页中展示出三种不同的产品，并通过卡通图形的装饰，使其呈现可爱、生动的效果。

RGB=246,215,143 CMYK=7,19,50,0
RGB=255,255,255 CMYK=0,0,0,0
RGB=206,148,53 CMYK=25,48,85,0
RGB=241,165,138 CMYK=6,46,42,0
RGB=230,221,214 CMYK=12,14,15,0
RGB=48,51,45 CMYK=79,72,77,48

设计理念：这是一家制作婴儿食品的网页设计。将食物的图片作为主体放置在顶部，直接表明网页的宣传内容，具有较

这是护肤品精华霜的详情页设计。把产品作为整个详情页面的展示主图，将信息直接传达，使受众一目了然。绿色植物的背景，一方面表明产品原料取自天然；另一方面凸显出企业十分注重产品环保、健康的经营理念极易赢得受众的信赖。在产品右侧竖排呈现的文字，以较大的字体将信息清晰、直观地呈现出来，同时增强了画面的稳定性，而且镂空字体的运用，让画面有呼吸顺畅之感。

RGB=81,132,90 CMYK=74,40,76,1
RGB=133,185,128 CMYK=54,13,60,0

这是一家音乐公司的网页设计。页面采用满版的构图方式，将背景图像放大处理，利用图形的直观冲击力吸引观者目光，引起动画以及声音爱好者的兴趣。而右上方的文字采用左对齐的方式规整排列，具有较高的可读性。

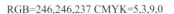

RGB=246,246,237 CMYK=5,3,9,0
RGB=35,34,32 CMYK=82,78,78,60
RGB=213,221,174 CMYK=22,9,39,0
RGB=234,181,181 CMYK=10,37,22,0
RGB=229,173,21 CMYK=16,37,91,0
RGB=211,225,223 CMYK=21,7,13,0

## ◎2.2.2 文字元素设计技巧——适当运用立体字

在电商美工设计中，扁平化的文字多给人以单调乏味的视觉感受。因此在进行设计时，可以在画面中适当运用立体字，或者直接将立体文字作为展示主图。这样不仅可以增强画面的创意感，同时也可以让版面具有较强的视觉层次。

这是一家电商网站15周年纪念日的专题网页设计。采用分割型的构图方式，将整个版面进行分割。分割部位的礼品营造了浓浓的节日氛围，同时增强了画面的稳定性。

将立体的主标题文字适当弯曲，在顶部呈现，将信息直接传达。画面中小元素的添加，则具有较强的视觉动感。

以蓝色作为背景主色调，在鲜明的颜色对比中，凸显节日的热情与活跃。

这是一款关于防盗门的立体字创意广告设计。采用倾斜型的构图方式，将立体化的文字比作一堵坚实的墙面，以倾斜的方式在画面中呈现，凸显出防盗门坚固、安全的特征，给受众直观的视觉冲击。

以明度较低的灰色作为背景主色调，简单、朴实的颜色从侧面凸显出防盗门的安全性能。蓝色的运用，让这种氛围更加浓烈。

### 配色方案

| 双色配色 | 三色配色 | 四色配色 |
| --- | --- | --- |
|  | |  |

### 文字元素设计赏析

# 2.3 版式

版式对于一个完整的电商美工设计来说是至关重要的。常见的版式有分割型、对称型、骨骼型、放射型、曲线型、三角形等。因为不同的版式都有相应的适合场景以及自身特征，所以在进行视觉传达设计时，可以根据具体的情况选择合适的版式。

版式就像我们的穿衣打扮，就算单品都价值不菲，但如果没有合理的搭配，也凸显不出穿着者的品位与格调。因此，只有将文字与图形进行完美搭配，才能对信息进行最大化传达，同时也会促进品牌的宣传与推广。

特点：

◆ 具有较强的灵活性；

◆ 适当运用分割可以增强版面的层次感；

◆ 运用对称为画面增添几何美感；

◆ 将版面适当划分增强整体的视觉张力。

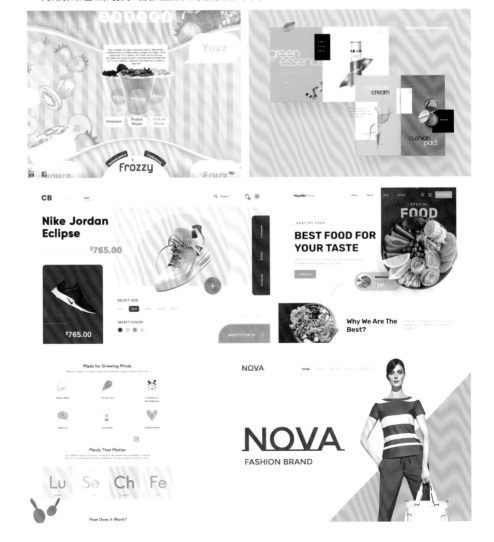

## ◉2.3.1　独具个性的版式元素

在电商美工设计中，版式本身就具有很大的设计空间。在设计时可以采用不同的版式，但不管采用何种样式，整体都要呈现美感与时尚。特别是在现如今飞速发展的社会，独具个性与特征的版式样式，具有很强的视觉吸引力。

设计理念：这是一款手机的详情页设计。采用倾斜型的构图方式，将手机倾斜地摆放在画面中间位置，将更多的细节直接呈现在消费者眼前。

色彩点评：整体以蓝色为主色调，蓝色到紫色渐变的背景，凸显出产品的科技性能与不凡的高贵气质，而且与手机背面色调相一致，具有很强的视觉统一感。

🔵产品下方由中心向外扩散的漩涡，具有很强的视觉动感与吸引力。同时也从侧面体现出产品轻薄的特性，让人印象深刻。

🔵画面上方以骨骼型构图方式呈现的各种小图标解释，使消费者一目了然，同时具有良好的宣传效果。

- RGB=81,110,181 CMYK=75,58,7,0
- RGB=88,84,163 CMYK=76,73,7,0
- RGB=232,84,159 CMYK=11,80,4,0
- RGB=234,61,42 CMYK=8,88,84,0

这是关于护肤品牌的广告设计。采用对称型的构图方式，将由不同元素构成的圆形图案作为展示主图，让画面具有很强的艺术美感。在圆形图案中间部位的标志，对信息直接进行传达。在底部呈现的产品以及文字，促进了品牌的宣传。不同纯度绿色的运用，尽显产品的天然与健康。

- RGB=23,34,26 CMYK=86,74,85,63
- RGB=181,206,78 CMYK=38,9,80,0
- RGB=229,207,109 CMYK=16,20,64,0
- RGB=91,146,67 CMYK=70,31,92,0

这是一款帆布包的详情页设计。采用骨骼型的构图方式，将产品和文字进行整齐有序的排列，给受众直观的视觉印象。在纯色背景下呈现的产品，一方面给受众干净有序的视觉感受；另一方面适当留白的运用，可以让受众直观感受到产品的材质。不同颜色圆点的添加，丰富了画面的色彩感。

- RGB=247,186,74 CMYK=6,34,75,0
- RGB=184,154,100 CMYK=35,42,65,0
- RGB=5,3,2 CMYK=91,87,88,78
- RGB=229,80,57 CMYK=11,82,77,0

# ◎2.3.2 版式元素设计技巧——增强视觉层次感

在电商美工设计中，可以在画面中添加一些小元素，或者运用有具体内容的背景，甚至可以通过不同纯度色彩之间的对比等方式来增强画面的视觉层次感。

这是一个食谱分享的页面设计。采用孟菲斯元素对页面进行装饰，结合倾斜的画笔笔触，使画面背景呈现卡通化的效果，增强了版面的生动性与趣味性。文字放置在食物上方，并通过线条的添加增强层次感，使背景元素、食物以及文字间形成前后层次的对比。

这是一个网站的帮助页面设计。通过主图与导航命令间的不同色彩的选择，将信息清晰展现。主图部分通过色块与立体设施图形的设计形成倾斜的版面。下方命令键的图形设计添加了阴影效果，使其更具层次感与立体感。

## 配色方案

双色配色

三色配色

四色配色

## 版式设计赏析

## 2.4 创意

　　无论是哪一种行业的设计，都需要有别具一格的创意。创意不仅可以提高人们的生活质量，也可以为企业带来丰厚的利润，并能加大品牌宣传力度。

　　因此在进行电商美工设计时，一定要把创意摆在第一位。在现代这个人才济济并且飞速发展的社会中，只有有足够的创意，企业才能有广阔的立足之地，同时相应的品牌效应也会随之而来。

　　但是在设计时，不能一味地为了追求创意而进行"天马行空"的创作。这样不仅起不到好的效果，还可能会适得其反。

特点：

◆ 以别具一格的创意吸引受众注意力；

◆ 拥有独特的传达信息能力；

◆ 借助其他小元素提升整体的创意；

◆ 不同场景的相互结合赢得受众信赖。

# ◎ 2.4.1 动感活跃的创意元素

在版面中添加动感活跃的创意元素，以此来吸引更多受众的注意力，同时也可以增强画面的动感，给受众营造浓浓的活跃氛围。

设计理念：这是一款甜品的详情页设计。采用中心型的构图方式，将产品直接在画面中间位置呈现，让人垂涎欲滴，极大地刺激了消费者的购买欲望。

色彩点评：整体以红色作为主色调，在不同纯度的变化中，营造了甜品浓浓的细腻和甜美感。少量白色的点缀，则提升了画面的亮度。

🔴 倾斜摆放的产品，将其顶部的水果直接呈现在消费者眼前。在弧形酸奶与飘动水果的衬托下，整个画面具有很强的动感。

🔴 白色的主标题文字与产品进行交叉摆放，营造了很强的空间立体感。

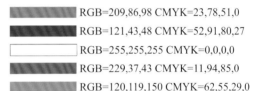

■ RGB=209,86,98 CMYK=23,78,51,0
■ RGB=121,43,48 CMYK=52,91,80,27
□ RGB=255,255,255 CMYK=0,0,0,0
■ RGB=229,37,43 CMYK=11,94,85,0
■ RGB=120,119,150 CMYK=62,55,29,0

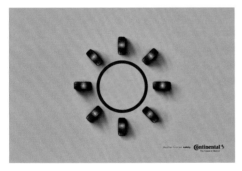

这是关于轮胎的创意广告设计。采用中心型的构图方式，将一个圆环与若干个轮胎共同构成一个太阳图案作为展示主图，以极具创意的方式表明轮胎的特性——无论在什么样的天气下，轮胎都可以应付自如，从而更好地与广告的宣传主题相吻合。以纯度适中的橙色作为主色调，在与黑色的经典对比中，凸显产品的安全与可靠。

■ RGB=239,135,50 CMYK=7,59,82,0
■ RGB=17,8,7 CMYK=86,86,86,75

这是关于绿色环保简约的电商宣传详情页设计。采用曲线型的构图方式，插头和电线均以绿草进行呈现，以直观的方式呼吁大家保护环境，具有很强的创意感。在电线不同部位进行树木的添加，进一步烘托这种氛围。同时较大字体的白色文字，将信息直接进行传达。由其延伸而出的风车，凸显出企业十分注重环保以及绿色健康的经营理念。

■ RGB=213,193,127 CMYK=22,25,56,0
■ RGB=72,168,72 CMYK=71,14,90,0
□ RGB=255,255,255 CMYK=0,0,0,0
■ RGB=80,69,42 CMYK=68,67,89,36

## ◎2.4.2 创意元素设计技巧——增添画面趣味性

在进行相应的设计时，运用适当的创意元素，可以增添画面的趣味性。这样不仅可以吸引更多受众注意，为其带去愉悦与美的感受；同时也非常有利于企业的宣传与推广，特别是对形成品牌效应具有积极的推动作用。

这是一幅关于快餐的广告设计。采用中心型的构图方式，将产品直接在画面中间位置展现，结合背景中升腾的热气与卡通化的文字，提升画面的表现力。

这是一个关于食物教学网站的网页设计。采用左右分割的形式将文字与图像分为左右两个不同的版面。右侧的烹饪图像与左下方的食材形成互动，提升了画面的趣味感，给人带来鲜活、生动、有趣的视觉印象。

### 配色方案

| 双色配色 | 三色配色 | 四色配色 |
| --- | --- | --- |

### 创意元素赏析

# 2.5 图形

相对于单纯的文字来说，图形具有更强的吸引力，在进行信息传达的同时还可以为受众带去美的享受。最基本的图形元素是将几何图形作为展示图案。虽然简单，但可以为受众带去意想不到的惊喜。

因此在运用图形元素进行相关的电商美工设计时，一方面可以将店铺的某个物件进行适当的抽象简化；另一方面也可以将若干个基本图形进行拼接重组，让新图形作为展示主图。以别具一格的方式吸引受众注意，从而促进品牌的宣传与推广。

特点：

◆ 既可简单别致，也可复杂时尚；
◆ 以简单的几何图形作为基本图案；
◆ 曲线与弧形相结合，增强画面的活力与激情。

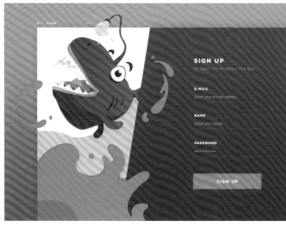

## ◉2.5.1 具有情感共鸣的图形元素

除了颜色可以带给受众不同的心理情感之外，图形也可以表达出相应的情感。比如，相对于尖角图形来说，圆角图形更加温和、圆润。所以在运用图形元素进行相关的设计时，要根据店铺的经营理念，选择合适的图形来进行信息以及情感的传达。

设计理念：这是一款龙舌兰酒的售卖网页设计。将卡通化的酒瓶作为主体在主图部分进行呈现，通过图形的冲击力为消费者带来深刻印象，给人以清新、自然、鲜活的感觉。

色彩点评：以淡绿色为背景色，将信息充分展现。同时导航栏与主图部分的色彩形成同类色对比，丰富了页面的色彩层

次，使整体页面更加吸睛。

🔵➊酒瓶自身的图形形状与标签上的风景图案相适应，结合紫色、青色等色彩的使用，给人以神秘、梦幻的视觉感受。

🔵➋清晰摆放的主标题文字，将信息直接传达。同时底部色块的添加，使按钮命令更加鲜明、醒目。

RGB=212,225,181 CMYK=23,6,36,0
RGB=0,92,91 CMYK=91,57,64,15
RGB=88,167,148 CMYK=67,20,48,0
RGB=240,235,229 CMYK=7,8,11,0
RGB=246,180,213 CMYK=4,41,0,0
RGB=254,242,156 CMYK=5,5,48,0

这是婴儿用品的宣传主页设计。将一个矩形作为标志呈现的载体，具有很强的视觉聚拢感。卡通小熊的添加，直接表明了店铺经营的种类以及面向的受众群体。背景中各种婴儿用品的简笔插画，打破了纯色背景的单调。以纯度较低的青色作为主色调，凸显出婴儿用品轻柔安全的特性。添加适当西瓜红色作为点缀，为画面增添了些许的活跃与童真。

RGB=149,211,215 CMYK=46,4,20,0
RGB=235,225,195 CMYK=11,12,27,0
RGB=235,126,104 CMYK=9,63,54,0
RGB=255,255,255 CMYK=0,0,0,0

这是甜品店铺的网页展示设计。采用骨骼型的构图方式，将文字和产品在画面中间位置呈现，直接表明了店铺经营的种类。特别是三个圆形饼干的摆放，在深色背景的衬托下，尽显店铺独具个性的经营理念。背景中的卡通插画，瞬间提升了整个画面的细节效果，同时营造了浓浓的复古氛围。

RGB=125,141,84 CMYK=59,40,77,0
RGB=88,102,53 CMYK=71,54,94,15
RGB=187,135,63 CMYK=34,52,83,0
RGB=255,255,255 CMYK=0,0,0,0

# ◎2.5.2 图形元素设计技巧——增添画面创意性

在运用图形元素进行设计时，可以运用一些具有创意感的图形元素为画面增添创意性。因为创意是整个版面设计的灵魂，只有抓住受众的阅读心理，才能吸引更多的受众注意，进而达到更好的宣传效果。

这是比萨餐厅的网页宣传设计。将在画面右下角呈现的比萨作为展示主图，直接表明了餐厅的经营种类。超出画面的部分具有很强的视觉延展性。

在画面中间偏上位置呈现的插画图案以及文字，以极具创意的方式促进了品牌的宣传。底部不同顾客购买产品留下的照片，对产品具有积极的推广作用。

深色背景的运用，凸显版面内容，同时也体现了餐厅成熟的经营理念。

这是夏季冷饮打折的宣传设计。采用中心型的构图方式，以一个矩形作为文字呈现的载体，具有很强的视觉聚拢效果。

矩形后面简笔树叶的添加，使其环绕在矩形周围，以具有创意感的方式打破了背景的单调与乏味。

整个版面以青色为主，在不同纯度的变化中，丰富了画面的色彩感。

## 配色方案

| 双色配色 | 三色配色 | 四色配色 |
|---|---|---|
| 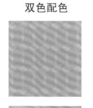 |  |  |

## 图形元素设计赏析

# 2.6 图像

　　图像与图形一样，信息传达功能强，可以为受众带去不一样的视觉体验。如果图形是扁平化的，那么图像就更加立体一些，可以将商品进行较为全面的展示，同时也会带给受众更加立体的感受。

　　因此，在运用图像元素进行电商美工设计时，要将展示的产品作为展示主图，给受众直观醒目的视觉印象。同时也可以将其与其他小元素相结合，增强画面的创意感与趣味性。

特点：

◆　具有更加直观清晰的视觉印象；

◆　细节效果更加明显；

◆　与文字相结合让信息传达效果最大化 。

## ◎2.6.1 动感活跃的图像元素

图像本身就具有较强的空间立体感，在进行设计时，可以通过在画面中适当添加一些动感活跃的图像元素，来增强整体的动感效果。

设计理念：这是一款蛋糕制作教学的详情页设计。采用分割型的构图方式，将整个版面通过曲线分为左右两部分，展示不同的食物与文字内容。

色彩点评：以粉色与白色作为背景色

使用，两种浅色调色彩的搭配，使整个页面呈现明亮、纯净、清新的视觉效果。

背景与食物图片之间使用半透明的文字进行装饰，丰富了页面的层次感。

不同的食物图片底部以白色矩形色块进行凸显，使其表现出悬浮于画面的视觉效果，具有较强的立体感，同时更加醒目，能够吸引观者目光。

- RGB=253,194,219 CMYK=0,35,0,0
- RGB=255,255,255 CMYK=0,0,0,0
- RGB=216,85,165 CMYK=20,78,0,0
- RGB=115,169,71 CMYK=62,20,88,0
- RGB=99,89,171 CMYK=72,70,2,0
- RGB=9,6,6 CMYK=89,86,86,77

这是运动健身设计。将正在挥臂投球的人物图像作为展示主图，直接表明了网站的宣传内容，而且营造了激情活跃的运动氛围。以红色作为整个网站的主色调，让这种氛围又浓了一些。同时黑色的适当运用，具有一定的中和作用，增强了画面的稳定性。将文字与人物相互交叉在一起，具有很强的视觉层次感。

- RGB=196,40,63 CMYK=30,95,73,0
- RGB=239,80,100 CMYK=6,82,47,0
- RGB=255,255,255 CMYK=0,0,0,0
- RGB=106,107,117 CMYK=67,58,48,2
- RGB=18,16,16 CMYK=86,83,83,72

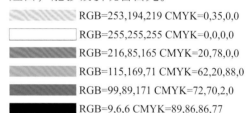

这是一款运动鞋的详情页展示设计。将产品在整个版面的中心位置呈现，直接表明了店铺的经营性质。一只鞋以倾斜形式摆放，为画面增添了些许动感。以纯度较低的蓝色作为背景主色调，能够凸显版面内容。深蓝色的鞋子，则增强了画面的色彩，同时具有稳定效果。

- RGB=228,235,245 CMYK=13,6,2,0
- RGB=60,71,156 CMYK=87,79,8,0
- RGB=18,16,16 CMYK=86,83,83,72

## ◎2.6.2 图像元素设计技巧——将产品进行直观的呈现

在运用图像元素进行设计时，要将产品作为展示主图进行直观的呈现。这样不仅可以让产品清楚地呈现在受众面前，同时也促进了品牌的宣传与推广。

这是有关香蕉的平面广告设计。将产品作为展示主图，直接表明了店铺的经营性质。以竖大拇指的创意造型，凸显出产品的优质与新鲜。

以铬黄色作为背景主色调，在不同纯度的渐变过渡中，能够凸显产品，并且刚好与产品本色相一致，让画面极其和谐。

在底部呈现的标志与文字，将信息直接传达，同时促进了品牌的宣传。

这是美食甜品冷饮店的宣传网页设计。采用分割型的构图方式将整个版面进行划分，而且将产品在不同区域进行呈现，给受众直观的视觉印象，十分醒目。

以浅色作为背景主色调，同时在产品本色的共同作用下，凸显产品的甜蜜与美味，极大限度地刺激了受众的味蕾，激发其购买的欲望。版面中的文字，能够将信息直接传达。

## 配色方案

双色配色        三色配色        四色配色

## 图像元素设计赏析

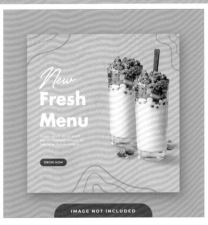

# 第3章 电商美工设计的基础色

　　电商美工设计的基础色分为红、橙、黄、绿、青、蓝、紫加上黑、白、灰。各种色彩都有属于自己的特点,给人的感觉也不尽相同。由于店铺风格、个性、产品种类等的不同,整体设计呈现的效果也千差万别。有的让人觉得店铺充满温馨浪漫之感;有的给人奢华亮丽的视觉体验;还有的则给人营造一种积极活跃的氛围。

- ◆ 色彩有冷暖之分,冷色给人以理智、安全、稳重的感觉;暖色则给人以温馨、活力、阳光的体验。
- ◆ 黑、白、灰是天生的调和色,可以让品牌形象设计更具稳定性。
- ◆ 色相、明度、纯度被称为色彩的三大属性。
- ◆ 不同的产品种类有不同的形象色:食品强调安全一般用本身的色彩;医药要突出安全与健康,一般多用冷色调;化妆品多用较为柔和的色彩来表现女性的靓丽与精致。

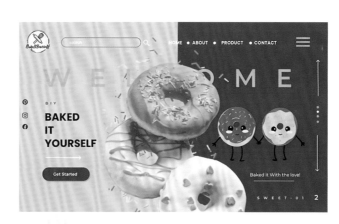

# 3.1. 红

## ◎3.1.1 认识红色

红色：璀璨夺目，热情奔放，是一种很容易引起人们关注的颜色。在色相、明度、纯度等不同的情况下，对于店铺要传递出的信息与表达的意义也会发生相应的改变。

色彩情感：祥和、吉庆、张扬、热烈、热闹、热情、奔放、激情、豪情、明媚、甜蜜、浪漫、警示、自由等。

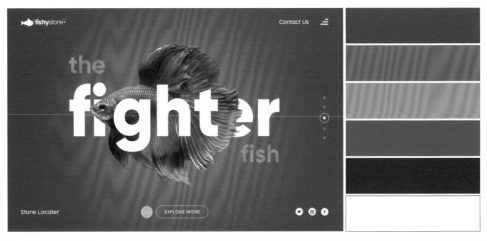

| | | | |
|---|---|---|---|
| 洋红 RGB=207,0,112 CMYK=24,98,29,0 | 胭脂红 RGB=215,0,64 CMYK=19,100,69,0 | 玫瑰红 RGB= 230,27,100 CMYK=11,94,40,0 | 宝石红 RGB=200,8,82 CMYK=28,100,54,0 |
| 朱红 RGB=233,71,41 CMYK=9,85,86,0 | 绛红 RGB=229,1,18 CMYK=11,99,100,0 | 山茶红 RGB=220,91,111 CMYK=17,77,43,0 | 浅玫瑰红 RGB=238,134,154 CMYK=8,60,24,0 |
| 火鹤红 RGB=245,178,178 CMYK=4,41,22,0 | 鲑红 RGB=242,155,135 CMYK=5,51,42,0 | 壳黄红 RGB=248,198,181 CMYK=3,31,26,0 | 浅粉色 RGB=255,222,235 CMYK=0,20,1,0 |
| 勃艮第酒红 RGB=102,25,45 CMYK=56,98,75,37 | 鲜红 RGB=205,5,42 CMYK=25,100,88,0 | 灰玫红 RGB=194,115,127 CMYK=30,65,39,0 | 优品紫红 RGB=225,152,192 CMYK=15,51,5,0 |

## ◎3.1.2 洋红 & 胭脂红

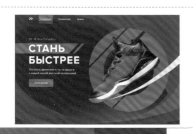

❶ 这是一款运动鞋产品展示详情页设计。采用水平型版式将图文分离，将产品作为主体在主图部分进行展示，使消费者能够充分了解产品外观与细节。

❷ 洋红色是介于玫红色与红色之间的色彩，具有两种色彩的部分属性，给人一种迷人、优雅的视觉感受。

❸ 左侧文字通过底部色块的添加与字号的不同形成不同的层次，突出了重要信息与内容的区别，使文字具有较高的可读性。

❶ 这是一个关于个人分享的网页页面设计。采用丝带与图形等元素，使页面呈现活泼、欢快的视觉效果。

❷ 胭脂红与正红色相比，纯度稍低，但给人一种典雅、优美的视觉感受。

❸ 通过色块的使用使文字内容更加清晰、醒目，给人以层次分明、一目了然的感受。

## ◎3.1.3 玫瑰红 & 宝石红

❶ 这是一个店铺商品折扣优惠力度的宣传效果设计。采用上下结构和并置型的构图方式，将文字信息清楚明了地传达给消费者。

❷ 整体以玫瑰红色为背景，玫瑰红色是一种较为内敛、温和的颜色，它没有鲜红色的张扬与激情，但却给人一种优雅、端庄的视觉感受。

❸ 将折扣力度以矩形框的形式展现出来，具有很好的视觉聚拢感与宣传效果，使消费者一目了然。

❶ 这是一款牛奶的订购网页详情页面设计。采用骨骼型的编排方式，将产品放置在主板块，并将详细内容规整排列，使整体内容清晰、醒目。

❷ 宝石红色作为主色调被大面积使用，使整个页面呈现典雅、时尚的视觉效果。

❸ 白色的使用使关于产品的详细信息更加鲜明、突出，便于消费者了解产品原料、口味等信息。

## ◎3.1.4　朱红 & 绛红

❶ 这是一个故事订阅网站的页面设计。采用对称型与骨骼型结合的编排方式，将信息进行传递，给人以明了、醒目的感觉。

❷ 朱红色介于红色和橙色之间，但朱红色明度较高，给人一种较为醒目、亮眼的视觉体验。

❸ 页面中间位置的图像占据面积较大，具有较强的视觉吸引力，同时减轻了过多朱红色带来的视觉刺激性。

❶ 这是一家运动鞋店铺的网页设计。采用骨骼型的构图方式，将产品与主题直观地传达给消费者。

❷ 绛红是一种很纯正的红，由于明度与纯度较高，常给人一种浓郁、成熟、火热的印象。

❸ 不同字号的使用使主题与文字信息形成不同的吸引力，白色文字的使用削弱了绛红色的视觉冲击力，增添了些许纯净、清爽的气息。

## ◎3.1.5　山茶红 & 浅玫瑰红

❶ 这是一家食品店铺的网页设计。采用分割型的构图方式，能够将文字信息更直观地传达给观者。

❷ 整体以山茶红色与白色进行搭配，形成简约、明媚、甜美的视觉效果。

❸ 使用不同的卡通食物图案为页面进行点缀，并结合蜜桃粉、紫色、黄色等色彩进行搭配，形成活泼、俏皮、欢快的网页风格。

❶ 该详情页中展示了不同的产品与包装，采用相对对称的构图方式，使整体页面给人以规整、有序的视觉感受。

❷ 浅玫瑰红色是紫红色中带有深粉色的颜色，能够展现出温馨、典雅的视觉效果。

❸ 贝壳粉色与浅玫瑰红色的搭配带来时尚、浪漫、雅致的风格，而宝蓝色作为点缀色，与其形成鲜明对比，提升了画面的视觉冲击力与色彩的视觉重量感。

# ◎3.1.6　火鹤红 & 鲑红

❶ 这是一款指甲油的展示页面设计。以火鹤红为背景，将信息直接传达给消费者。

❷ 火鹤红是红色系中明度较高的颜色，但其纯度相对较低，所以给人一种柔和、淡雅的视觉感。

❸ 多个卡通图形如猫咪标志、树木、云朵等的使用，结合火鹤红色、紫色与粉色等色彩的使用，使整个页面更显浪漫、唯美、梦幻。

❶ 这是一款牛奶的产品详情页展示设计。采用左右分割的构图方式，摆放在分割线处的产品则成为视觉焦点，能够快速吸引消费者目光。

❷ 采用纯度较低的鲑红作为背景主色，并以深红色做辅助色进行搭配，形成邻近色对比，给人以精致、沉稳但又不失时尚的视觉感受。

❸ 页面整体色调呈暖色，与产品包装色的色彩属性相一致，形成统一、和谐的视觉效果。

# ◎3.1.7　壳黄红 & 浅粉色

❶ 这是一款果汁的主图板块展示设计，通过水平型的构图方式，将产品图像与文字分离，形成清晰、鲜明的视觉效果。

❷ 壳黄红作为页面主色，明度与纯度适中，给人以温暖、美味、亲切的感觉。

❸ 绿色的包装瓶与背景色形成类似色对比，丰富了页面色彩层次的同时，使整体页面更显自然、清新。

❶ 这是一个服装品牌店的详情页设计。以左右分割的构图方式，将产品和文字直接在消费者面前呈现，使其一目了然。

❷ 采用纯度非常低的浅粉色作为背景主色，由于其具有梦幻的色彩特征，所以给人一种温馨、甜美的视觉效果。

❸ 以立体图形作为商品展示和文字说明的载体，不同的侧面展示不同的产品。给人以视觉立体感，创意感十足。

## ◎ 3.1.8 勃艮第酒红 & 鲜红

1. 这是一款果汁的产品详情页设计。将产品放置在页面中间位置，可以在第一时间吸引观者目光。
2. 勃艮弟酒红明度较低，纯度较高，给人一种浓郁、古典的感觉。
3. 页面以白色作为背景色，使产品与黑色文字更加醒目、突出，同时形成清爽、简约的页面风格。

1. 这是一款手提包的详情页设计。采用左右分割的构图方式，将产品和相关文字直接展现在消费者眼前。
2. 鲜红色是红色系中最醒目的颜色，无论与什么颜色搭配都较为抢眼，引人关注。
3. 整个画面采用对比的方式，将消费者的注意力全部吸引在左侧鲜红色的背景部位，极大地促进了文字信息的传达。
4. 右侧的手提包以浅色为主体色，但是其上方亮色的装饰图案十分醒目。中间摆放的黑色物体，起到稳定整个画面的作用。

## ◎ 3.1.9 灰玫红 & 优品紫红

1. 此网页设计采用骨骼型与对称型结合的构图方式，在纯色背景的衬托下十分醒目、清晰、明了。
2. 以明度较低的灰玫红色作为主色，给人一种典雅、和谐、内敛的视觉感受。
3. 白色文字在低明度的背景衬托下更加醒目、鲜明，能够将信息清晰地传达给观者。

1. 这是一个品牌店铺的产品宣传 Banner 设计。采用中心型的构图方式，将文字摆放在画面中间位置，具有很好的宣传与推广效果。
2. 以优品紫红作为背景主色调，给人以高雅、时尚的视觉效果，而且优品紫红又是介于红与紫之间，是一种清亮前卫的颜色。
3. 白色的主体文字，在优品紫红背景的衬托下十分引人注目，具有很好的宣传效果。

# 3.2 橙

## ◉3.2.1　认识橙色

橙色：橙色是暖色系中最和煦的一种颜色，让人联想到成功时的喜悦、律动的活力。偏暗一点会让人有一种安稳的感觉。

运动产品和一些较为活泼的店铺会选择纯度高一点的橙色；儿童品牌、护肤产品和一些美食类店铺则会选择纯度中等的橙色；而具有稳重、成熟、复古特点的店铺则会选择明度低一点的橙色，如高端男士服饰、高档护肤品牌、具有独特格调的店铺等。

色彩情感：饱满、明快、温暖、祥和、喜悦、活力、动感、安定、朦胧、复古、温馨等。

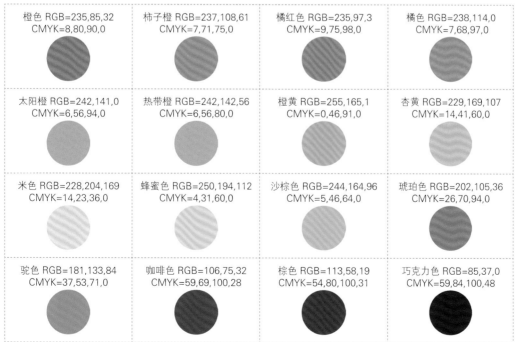

| | | | |
|---|---|---|---|
| 橙色 RGB=235,85,32 CMYK=8,80,90,0 | 柿子橙 RGB=237,108,61 CMYK=7,71,75,0 | 橘红色 RGB=235,97,3 CMYK=9,75,98,0 | 橘色 RGB=238,114,0 CMYK=7,68,97,0 |
| 太阳橙 RGB=242,141,0 CMYK=6,56,94,0 | 热带橙 RGB=242,142,56 CMYK=6,56,80,0 | 橙黄 RGB=255,165,1 CMYK=0,46,91,0 | 杏黄 RGB=229,169,107 CMYK=14,41,60,0 |
| 米色 RGB=228,204,169 CMYK=14,23,36,0 | 蜂蜜色 RGB=250,194,112 CMYK=4,31,60,0 | 沙棕色 RGB=244,164,96 CMYK=5,46,64,0 | 琥珀色 RGB=202,105,36 CMYK=26,70,94,0 |
| 驼色 RGB=181,133,84 CMYK=37,53,71,0 | 咖啡色 RGB=106,75,32 CMYK=59,69,100,28 | 棕色 RGB=113,58,19 CMYK=54,80,100,31 | 巧克力色 RGB=85,37,0 CMYK=59,84,100,48 |

## ◎3.2.2　橙色 & 柿子橙

❶ 网页整体采用暖色调色彩进行搭配，使整个画面充满明快、温暖的气息。

❷ 橙色的明度和纯度都较高，容易给人积极向上、兴奋的视觉感受。

❸ 图形的使用增强了画面的层次感与视觉冲击力，给人带来极强的视觉刺激。

❶ 这是一个店铺促销广告的设计。将主体文字从不同角度以立体化方式进行呈现，十分引人注目。

❷ 采用明度较低的渐变柿子橙作为背景色，与橙色相比，虽然更温和一些，但同时又不失醒目与时尚感，给人以视觉上的立体感。

❸ 在主体文字上下方的其他文字既起到解释说明的作用，同时也让整个设计的细节效果更加丰富。

## ◎3.2.3　橘红色 & 橘色

❶ 这是一款手表的详情页设计。采用左右分割的构图方式，将整个版面分为左右两个部分进行展示，给人以清晰明了的效果。

❷ 以偏向于红色的橘红色作为背景，给人以强烈的直观视觉冲击力。而且又与深色的手表形成色彩对比，能够充分展现年轻的活力与激情，但却又不失稳重之感。

❸ 白色的文字和描边边框，具有很好的视觉聚拢效果。既可以将信息进行直观的传达，同时又将消费者的目光全部集中于此。

❶ 这是一款运动鞋的产品设计。白色文字与暖色背景形成简约、明亮的页面效果。

❷ 橘色的明度与橙黄色相比较低，视觉重量感更加鲜明，能够使产品更加突出。

❸ 放大的产品与端正平整的文字使产品信息可以更好地传达给消费者。

## ◎3.2.4 太阳橙 & 热带橙

❶ 这是一家教学培训机构的宣传页设计。整体通过边框线条突出视觉重心，使文字内容更加醒目。

❷ 太阳橙色作为主色，给人一种阳光、欢快的感觉。

❸ 青色、橙色、黄色等色彩的点缀，使整个页面的色彩更加丰富，同时使用图形元素装饰网页，使整体画面更具活泼感。

❶ 这是一款咖啡的产品详情页设计。将产品放大，并使用柠檬作为点缀，使其更显生动，增强了产品的美味感。

❷ 热带橙与橙黄色的过渡搭配，使页面背景更具变化，产生更加生动、鲜活的视觉效果。

❸ 主题文字在使用白色进行设计的同时放大处理，使其更具视觉冲击力，能够快速吸引消费者目光。

## ◎3.2.5 橙黄 & 杏黄

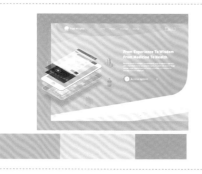

❶ 这是一个关于医疗健康服务的网站主页设计。采用倾斜型的构图方式，增强了画面动感，提升了页面的视觉吸引力。

❷ 橙黄色、黄色与红柿色等色彩的搭配，使整体呈现温暖、明快、鲜活的视觉效果。

❸ 通过使用卡通图形对页面进行装饰，使整个网页充满趣味性与活泼感，增强了网页的亲切感。

❶ 这是一款鞋子的产品展示详情页设计。采用三角形的构图方式，让整个画面呈现较强的稳定性，特别是以三角形摆放的鞋子。

❷ 杏黄色的背景，将产品和文字很好地凸显出来。明度较低的杏黄色，给人以柔和、亲近的感觉。左侧主次分明的文字，给消费者直观的信息传达效果。

❸ 中间位置的文字以青色的矩形作为底层背景，起到突出显示的作用，使此处的文字更加醒目、鲜明。

## ◎3.2.6 米色 & 蜂蜜色

❶ 这是一款狗粮的产品宣传设计。通过动物形象生动地展示出产品的可口性与吸引力，从而吸引观者购买。

❷ 以米色作为背景色，通过低纯度与明度的色彩展现出温柔、自然、朴实的特点。

❸ 该宣传海报将图像作为主体，以简单的文字作为说明，给人以简洁、直观的感觉。

❶ 这是一款咖啡的产品展示页设计。通过分割型的构图方式将产品与信息清晰表达，使画面具有较强的秩序性与可读性。

❷ 蜂蜜色与巧克力色形成鲜明的明暗对比，具有较强的视觉冲击力。同时两种暖色调色彩易使人联想到咖啡的色泽，给人带来想象的空间。

❸ 青色色块的点缀，在暖色调画面中加入冷色，带来一丝清爽、自然的气息。

## ◎3.2.7 沙棕色 & 琥珀色

❶ 这是一家甜品店的产品展示主图设计。采用骨骼型的构图方式，将产品与图像有序排列，形成规整、协调的构图效果。

❷ 沙棕色作为背景色，色彩纯度适中，给人以温馨、柔和的视觉感受，令人联想到产品的细腻口感。

❸ 红色的草莓与绿色叶子形成鲜明的互补色对比，增强了页面的视觉冲击力。

❶ 这是一款咖喱产品的宣传广告设计。将烤鸡以拟人化的形象作为主图，给人以极强的视觉冲击力。

❷ 琥珀色的烤鸡，在合适光影效果的配合下，给人一种清洁、光亮的视觉效果。

❸ 画面左侧手拿产品的局部图像，既对产品进行了详细的展示，同时以在与琥珀色的颜色对比中更加突出食品的美味。

❹ 右上角的文字，既对产品进行了简单的解释与说明，又让整个构图更加饱满。

## ◉3.2.8 驼色 & 咖啡色

❶ 这是一家比萨店的店铺首页设计。采用骨骼型的构图方式，并将产品放大以增强产品的视觉吸引力，给人一种美味的感觉，刺激观者食欲。

❷ 驼色的盘子与米色色块的搭配给人以自然、纯朴的视觉印象。

❸ 页面整体色彩明度较低，呈现复古、文艺的风格。

❶ 这是一款消毒液的产品详情页设计。通过洗手的动作与不同需要使用产品的场景的展示，体现了产品的重要性。

❷ 咖啡色、棕红色、浓蓝色等低明度色彩的搭配使整个画面色调较为深沉，给人一种沉稳、高端的感觉。

❸ 规整的白色文字在深色背景的衬托下十分醒目，有效传达了产品信息。

## ◉3.2.9 棕色 & 巧克力色

❶ 这是一款咖啡的产品主图页设计。将产品放大，并通过飞溅出的咖啡增强动感，使整个画面更显生动，增强了产品的美味感。

❷ 棕色与棕黄色的过渡搭配，使页面背景更具变化，带来更加丰富的背景，并给人一种香醇、浓厚的感觉。

❸ 主题文字在使用白色进行设计的同时做了放大处理，给人纯净、清爽感觉的同时极具注目性。

❶ 这是一款化妆品的产品展示详情页设计。采用骨骼型的构图方式，将产品与文字信息直接展现在消费者面前，给人以直观明了的视觉感受。

❷ 巧克力色渐变背景色调的运用，由于其本身纯度较低的特征，在视觉上很容易给消费者营造一种浓郁、高雅的视觉氛围。

❸ 产品本身颜色与背景颜色一致，所以中间亮色的运用，提高了画面的整体亮度。

## 3.3 黄

### ◎3.3.1 认识黄色

黄色：黄色是一种常见的色彩，可以使人联想到阳光。当明度、纯度以及与之搭配的颜色发生改变时，向人们传递的感受也会发生改变。

色彩情感：富贵、明快、阳光、温暖、灿烂、美妙、幽默、辉煌、平庸、光明、鲜活、沉稳等。

| | | | |
|---|---|---|---|
| 黄色 RGB=255,255,0<br>CMYK=10,0,83,0 | 铬黄 RGB=253,208,0<br>CMYK=6,23,89,0 | 金色 RGB=255,215,0<br>CMYK=5,19,88,0 | 柠檬黄 RGB=241,255,78<br>CMYK=16,0,73,0 |
| 含羞草 RGB=237,212,67<br>CMYK=14,18,79,0 | 月光黄 RGB=255,244,99<br>CMYK=7,2,68,0 | 香蕉黄 RGB=240,233,121<br>CMYK=13,7,62,0 | 香槟黄 RGB=255,249,177<br>CMYK=4,2,40,0 |
| 金盏花黄 RGB=247,171,0<br>CMYK=5,42,92,0 | 姜黄色 RGB=244,222,111<br>CMYK=10,14,64,0 | 象牙黄 RGB=235,229,209<br>CMYK=10,10,20,0 | 奶黄 RGB=255,234,180<br>CMYK=2,11,35,0 |
| 那不勒斯黄 RGB=207,195,73<br>CMYK=27,21,79,0 | 卡其黄 RGB=176,136,39<br>CMYK=39,50,96,0 | 芥末黄 RGB=214,197,96<br>CMYK=23,22,70,0 | 黄褐色 RGB=196,143,0<br>CMYK=31,48,100,0 |

## ◎3.3.2  黄色 & 铬黄

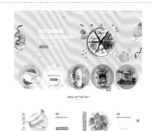

❶ 这是一家水果店的首页展示设计。以明度极高的白色与黄色作为主色进行搭配，形成明亮、简约、鲜活的画面风格。

❷ 放大的柠檬呈现明亮的黄色，与背景融为一体的同时，令人联想起其酸爽可口的味道，具有较强的感染力。

❸ 图文分离的设计将黑色文字摆放在白色背景处，使其更加醒目、清晰，可以有效传递产品信息。

❶ 这是一家冰激凌店的产品展示页面设计。采用分割型与骨骼型结合的构图方式，给人以规整、清晰、明了的视觉感受。

❷ 高纯度的铬黄色与高明度的白色作为背景色进行搭配，形成极强的视觉吸引力。同时暖色调的搭配可以很好地展现食品的美味，令人垂涎欲滴。

❸ 不同口味的冰激凌与水果采用不同的色块进行烘托，丰富了整个页面的色彩，给人带来绚丽、鲜活的视觉印象。

## ◎3.3.3  金色 & 柠檬黄

❶ 这是一幅产品促销页面的设计。将文字放置在画面中心位置，能够将信息直接传达。

❷ 奶黄色背景与金色的柠檬图形形成鲜明的纯度对比，整体带来明媚、温暖的视觉体验。

❸ 柠檬、樱桃、树叶等图形围绕画面四周进行散点式排列，形成矩形框架，能够更好地聚拢观者目光。

❶ 这是一款产品的详情页设计。采用折线跳跃与左右分割的构图方式，将产品和文字清楚地展现在广大消费者眼前。

❷ 右侧产品采用折线跳跃的方式，给单调的画面增添了很强的动感。由于柠檬黄色是极具大自然气息的颜色，所以凸显出鲜活、自然的气息。

❸ 左侧简单的深色文字，对产品进行解释与说明，同时也达到了丰富画面细节的效果。

### ◎3.3.4　含羞草黄 & 月光黄

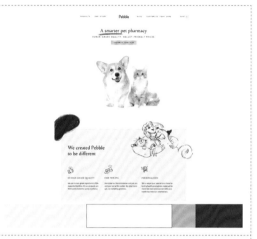

❶ 这是一款咖啡的展示页设计。采用分割型的构图方式将图文分离，同时将产品放在边缘处，以获得最强的视觉引导效果。

❷ 含羞草黄与亮灰色作为背景色，给人一种明亮、醒目的视觉感受。

❸ 左侧简单的深色文字，对产品进行解释与说明，同时也达到了丰富画面细节的效果。

❶ 这是一家宠物药店的详情页设计。采用骨骼型与分割型结合的构图方式，给人一目了然的感觉。

❷ 白色与月光黄搭配，两种高明度的色彩使整个页面极为醒目、鲜活。

❸ 通过手绘人物图案与动物形象增强网页的视觉吸引力，从而吸引观者的目光。

### ◎3.3.5　香蕉黄 & 香槟黄

❶ 这是一款牙膏的产品展示详情页设计。整体采用倾斜型和分割型两种形式的构图方式，清晰直观。

❷ 倾斜摆放的牙刷，极富动感气息。

❸ 右侧的水果既表明了产品的味道，同时也让整个画面充满趣味性。香蕉黄具有稳定、柔和的色彩特征，将其作为背景主色调，与产品性质十分吻合。

❶ 这是一个餐饮主题的网站宣传页设计。采用分割型的构图方式将文字与食物放在不同的板块，形成规整有序的页面布局。

❷ 香槟黄色色泽轻柔，将其作为背景色可以凸显食物的美味与天然。同时少量深黄色、绿色的点缀形成统一、和谐的色彩搭配。

❸ 主题文字采用较大的字号并占据大块版面，突出其主体地位的同时便于消费者了解相关信息。

## ◎3.3.6 金盏花黄 & 姜黄色

❶ 这是一家膳食营养教学的网站首页设计。通过背景色块的设计形成分割型构图，给人以有序、协调、醒目的视觉感受。

❷ 金盏花黄与橙黄色作为页面的辅助色，其明度较高，给人一种欢快、明亮、热情的感觉。

❸ 左侧主次分明的文字，对产品信息进行了直接的传达。

❹ 香料的点缀使整体页面的气氛更加轻快，打造出自然、清爽的风格。

❶ 这是一个店铺打折促销的文字设计。采用中心型的构图方式，将文字集中摆放在画面中间位置，十分引人注目。

❷ 姜黄色作为背景主色，并以金盏花黄色花朵作为点缀装点画面，打破了背景的单调，同时形成高明度的色彩搭配，给人一种富丽、华贵的视觉感受。

❸ 在画面中间位置的黑色折扣力度文字，"简单粗暴"地将信息直接传达给消费者。而其上下少量山茶花红文字的点缀，起到了一定的解释说明与丰富画面的作用。

## ◎3.3.7 象牙黄 & 奶黄

❶ 这是一家咖啡店的在线菜单设计。采用自由式的构图方式，形成轻快、活泼的画面风格。

❷ 以象牙黄色作为背景色，色彩柔和，给人以细腻、温柔、亲切的感觉。

❸ 食品的色彩较为饱满、鲜艳，与背景形成鲜明的纯度对比的同时，还具有较强的美味感，能吸引观者的目光并刺激食欲。

❶ 这是一个时尚品牌的产品宣传网页设计。整体采用左右分割的构图方式，将产品很好地展现。

❷ 浅色调的奶黄色与蜜桃粉色作为背景色进行搭配，带来清新、阳光、明快的感受。

❸ 产品位于分界线处，具有极强的视觉吸引力。同时大面积色块的使用形成直观、极简的网页风格。

## ⊙ 3.3.8　那不勒斯黄 & 卡其黄

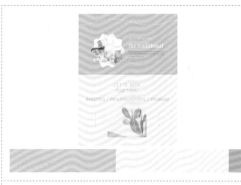

❶ 这是一个设计网站的宣传页设计。通过暖色调色彩的使用，给人以舒适、自然的视觉体验。

❷ 分割型的构图方式给人以和谐、有序、层次分明的感觉，使文字可以更好地被观者接收。

❸ 仙人掌的色彩与背景色之间形成呼应，使整个画面充满自然与生命的气息。

❶ 这是一款某产品的宣传广告设计。采用骨骼型的构图方式，将图像和文字在消费者的眼前进行清晰直接的呈现。

❷ 以看起来有些像土地颜色的卡其黄作为背景主色调，给人以时尚大气的视觉效果。以简单的圆角矩形为基本图形，组合成一个心形，创意十足。

❸ 最下方的文字，既对产品进行了相应的解释与说明，同时也增强了整体细节设计感。

## ⊙ 3.3.9　芥末黄 & 黄褐色

❶ 这是一个蔬菜店铺的详情页设计。采用折线跳跃的构图方式将产品悬浮在画面中，而且上下跨出画面的部分具有很强的视觉延展性。

❷ 纯度较低的芥末黄背景，由于其具有温暖、典雅的色彩特征，将蔬菜安全、健康的属性凸显出来。

❸ 左侧少量主次分明的黑色文字，将产品信息进行清楚明了的传达。白菜上方白色描边正圆与文字的点缀，对产品的质量进行了进一步的肯定。

❶ 这是一家快餐店的产品展示页设计。将食物作为主体进行呈现，突出食物的美味，形成直观的视觉吸引力。

❷ 黄褐色与深红色两种稍低明度的暖色调色彩将食物的可口、美味展现得淋漓尽致。

❸ 选择最低明度的黑色作为背景色，使文字与产品更加醒目、突出。

# 3.4 绿

## ◎3.4.1 认识绿色

绿色：绿色既不属于暖色系，也不属于冷色系，它属于中性色。它象征着希望、生命，绿色是稳定的，它可以让人们放松心情，缓解视觉疲劳，同时深色的绿还可以给人一种高贵奢华的感觉。

色彩情感：希望、和平、生命、环保、柔顺、温和、优美、抒情、永远、青春、新鲜、生长、沉重、晦暗等。

| | | | |
|---|---|---|---|
| 黄绿 RGB=196,222,0 CMYK=33,0,93,0 | 叶绿 RGB=134,160,86 CMYK=55,29,78,0 | 草绿 RGB=170,196,104 CMYK=42,13,70,0 | 苹果绿 RGB=158,189,25 CMYK=47,14,98,0 |
| 嫩绿 RGB=169,208,107 CMYK=42,5,70,0 | 苔藓绿色 RGB=136,134,55 CMYK=56,45,93,1 | 奶绿 RGB=195,210,179 CMYK=29,12,34,0 | 钴绿 RGB=106,189,120 CMYK=62,6,66,0 |
| 青瓷色 RGB=123,185,155 CMYK=56,13,47,0 | 孔雀绿 RGB=0,128,119 CMYK=84,40,58,0 | 铬绿 RGB=0,105,90 CMYK=89,50,71,10 | 翡翠绿 RGB=21,174,103 CMYK=75,8,76,0 |
| 粉绿 RGB=130,227,198 CMYK=50,0,34,0 | 松花色 RGB=167,229,106 CMYK=42,0,70,0 | 竹青 RGB=108,147,95 CMYK=64,33,73,0 | 墨绿 RGB=15,53,24 CMYK=90,64,100,52 |

## ◎3.4.2 黄绿 & 叶绿

❶ 这是一个店铺的促销折扣文字设计。采用中心型的构图方式，将图形和文字都集中在画面中间位置，十分引人注目。

❷ 黄绿是春天的颜色，是环保、健康的象征。而将其作为背景主色，给人以清新、明快的视觉效果。

❸ 不同纯度的黄绿色矩形，以不同的倾斜角度进行摆放。在随意之中表现店铺的个性与独特的时尚美感。黑色手写的主标题文字，在黄绿色背景的衬托下，极其醒目。

❶ 这是一家农场的网页主图设计。采用满版型的构图方式，将场景展现在画面最醒目的位置，极具宣传效果。

❷ 整个背景以叶绿色与灰绿色进行搭配，形成邻近色对比，使整个页面充满自然气息。

❸ 居中分布的文字采用白色进行设计，在中明度背景的衬托下极为醒目，给人以极简、清爽的视觉感受。

## ◎3.4.3 草绿 & 苹果绿

❶ 这是一款某化妆品的产品详情页设计。采用左右分割的构图方式，将产品与文字清晰明了地呈现在消费者眼前。

❷ 草绿色是具有生命力的颜色，给人以清新、自然的印象。将其作为背景的主色调，既与产品的白色形成鲜明对比，同时也让产品十分醒目的凸显出来。

❸ 右侧主次分明的文字，将重要信息以不同的颜色显示出来。既让消费者在阅读时有侧重点，同时也凸显卖家服务的贴心。

❶ 这是一家农作物研究机构的网页设计。采用分割型的构图方式，呈现局部与远景的农场场景。

❷ 苹果绿与叶绿色的搭配形成同类色对比，整个页面给人以清新、充满生机的印象。

❸ 层次分明的文字内容便于观者阅读，给人以规整、有序、平整的感觉。

## ◎3.4.4 嫩绿 & 苔藓绿色

❶ 这是一家花店的产品首页设计。采用虚实
对比的形式将背景遮盖，呈现磨砂玻璃的
质感效果，丰富了背景的表现力。

❷ 嫩绿色、深绿色与灰绿色等不同明度与纯
度色彩的使用，使页面色彩极具层次感与
生命力。

❸ 版面左侧主次分明的文字，将重要信息以
不同的字号显示出来，让消费者在阅读时
有侧重点。

❶ 这是一款传感器的产品宣传页设计。采用
满版型的构图方式，将幽暗的森林展现在
观者面前，给人一种壮观、神秘、深邃的
视觉感受。

❷ 苔藓绿色与墨绿色两种低明度的色彩搭
配，使整个页面的明度较低，具有较强的
视觉感染力，使观者产生身临其境的想象。

❸ 白色文字明度较高，在低明度的图像的衬
托下十分醒目，便于观者阅读。

## ◎3.4.5 奶绿 & 钴绿

❶ 这是一家商店的产品展示页面设计。通过
白色边框的设计将观者视线集中至中央文
字，能更好地传递作品信息。

❷ 奶绿色作为背景色，色彩纯度较低，给人
一种柔和、安静的视觉感受。

❸ 左右两端的仙人掌元素色彩较为饱满、鲜
艳，与背景形成纯度对比的同时，赋予画
面以自然气息。

❶ 这是一个店铺各种不同产品的宣传广告设
计。采用左右分割的构图方式，将产品和
相关信息进行清晰明了的展示。

❷ 采用明度较高的钴绿色作为背景主色调，
将产品很好地凸显出来，而且给人以强烈
的活跃视觉感受。

❸ 右侧依据产品大小进行前后倾斜摆放的产
品，给单色的背景画面增添了视觉动感。
最后方超出画面的产品，是前面其他产品
的坚强后盾，具有极强的稳定性。

## ◎3.4.6 青瓷色 & 孔雀绿

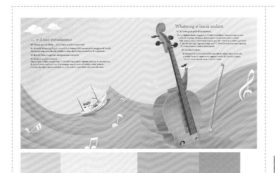

❶ 这是一幅音乐宣传海报作品设计。通过色彩与图形的使用形成分割型构图，将海浪、天空等风景生动展现。

❷ 大提琴、船、云与音符等卡通图形笔触生动、形象，给人一种生动、形象、欢快的视觉感受。

❸ 青瓷色、淡绿色与青色等色彩形成邻近色搭配，使整个画面呈现清新、通透、空灵的视觉效果。

❶ 这是一款营养补充剂的详情页设计。采用上下分割的构图方式，通过色彩的不同形成文字信息的主次关系。

❷ 孔雀绿色作为页面主色调，色彩浓郁，给人一种高端、优雅的感觉。

❸ 页面下方的图形与文字形成不同的板块，便于观者了解不同产品的信息。

## ◎3.4.7 铬绿 & 翡翠绿

❶ 这是一款榨汁机的产品宣传广告设计。产品与文字形成稳定的三角形构造关系，让整个画面饱满且具有稳定性。

❷ 该广告采用大面积的铬绿色叶子作为背景，缓解了消费者浏览网页的视觉疲劳，同时给人以清新、活泼的视觉感受。

❸ 画面中间具有金属材质的产品，在绿叶背景的衬托下十分醒目，而且也传达出品牌注重环保与安全的经营理念。

❶ 这是一家养殖场的网页详情页设计。满版型的构图将图像放大，充分吸引了观者目光。

❷ 翡翠绿色色块将画面分割，使上下板块形成互补色对比，给人以极强的视觉刺激。

❸ 新鲜的水果与生机盎然的农场场景赋予画面极强的生命气息，给人以舒适、惬意的视觉体验。

## ◎3.4.8 粉绿&松花色

❶ 这是一家购物中心的购买页面设计。采用骨骼型的构图方式，将不同产品清晰地展现，给人以直观、便利的感觉。

❷ 粉绿色与白色作为背景色，使画面呈现极简、清新的风格。

❸ 将新鲜的果蔬照片清晰呈现，并使用黑色作为文字色彩，可以方便消费者购物，提升消费者对于网站的好感。

❶ 这是一幅夏季折扣活动的宣传页设计。通过边框形成向内的视觉中心，更好地传递信息。

❷ 松花色边框与青灰色枝叶形成邻近色对比，丰富了画面色彩，给人以雅致、鲜活的感觉。

❸ 居中排版的文字采用不同字号进行设计，形成主次分明的视觉效果。

## ◎3.4.9 竹青&墨绿

❶ 这是一幅产品宣传页设计。采用居中构图，形成稳定、均衡、端正的视觉效果。

❷ 竹青色作为页面主色，色彩明度与纯度较低，给人一种含蓄、端庄、典雅的感觉。

❸ 白色边框的设计具有较强的视觉吸引力，引导观者目光向页面中央集中，从而更好地传递文字内容。

❶ 这是一款化妆品的产品宣传广告设计。采用上下分割的构图方式，将产品和文字进行清楚明了的展示。

❷ 整个画面以土地为背景，产品像种子一样从土里生长出来，给人以新鲜、健康的视觉感受。

❸ 产品本身墨绿色的运用，让产品高雅与生命力的氛围又浓了几分。产品下方以几何图形呈现并有序排列的说明性文字，让消费者一目了然，同时让画面具有稳定性。

# 3.5 青

## ◎ 3.5.1 认识青色

青色：青色是绿色和蓝色之间的过渡颜色，象征着永恒，是天空的代表色，同时也能与海洋联系起来。如果一种颜色让你分不清是蓝还是绿，那或许就是青色了。在设计中青色的运用，给人以简约、大方与理性的感觉，同时也具有较强的科技感。

色彩情感：圆润、清爽、愉快、沉静、冷淡、理智、透明等。

| 青 RGB=0,255,255 CMYK=55,0,18,0 | 水青色 RGB=88,195,224 CMYK=62,7,15,0 | 海青 RGB=34,162,195 CMYK=75,23,22,0 | 碧蓝色 RGB=121,201,211 CMYK=54,6,22,0 |
| --- | --- | --- | --- |
| 青绿色 RGB=31,204,170 CMYK=68,0,47,0 | 瓷青 RGB=175,221,224 CMYK=37,3,16,0 | 淡青 RGB=194,236,239 CMYK=29,0,11,0 | 白青 RGB=224,241,244 CMYK=16,2,6,0 |
| 花浅葱 RGB=0,140,163 CMYK=81,34,34,0 | 鸦青 RGB=54,106,113 CMYK=82,54,53,4 | 青灰 RGB=112,146,155 CMYK=62,37,36,0 | 深青 RGB=0,81,120 CMYK=95,71,41,3 |
| 浅酞青蓝 RGB=0,137,198 CMYK=81,38,11,0 | 靛青 RGB=0,119,174 CMYK=85,49,18,0 | 群青 RGB=0,57,131 CMYK=100,88,28,0 | 藏青 RGB=5,36,74 CMYK=100,95,58,29 |

## ◎3.5.2　青 & 水青色

❶ 这是一幅夏季折扣活动的宣传海报设计。
　通过边框的设计将观者目光引导至中央，
　从而有效传递信息。

❷ 将文字进行放大处理作为主图放在画面中
　心位置，十分醒目。而各种不同的鞋子放
　在画面四周，使整个版面更加饱满。

❸ 青色与黄色两种高明度色彩形成类似色搭
　配，呈现明亮、热情、欢快的视觉效果，
　给人以明亮、鲜活的感觉。

❶ 这是一款奶昔的产品详情页设计。采用上
　下分割的构图方式，将产品与文字信息直
　接展示与传达。

❷ 水青色与米色作为背景色进行搭配，形成
　温柔、安静的页面风格。

❸ 产品位于分割线处，形成最强烈的视觉吸
　引力，同时橙色与红色两种高纯度的色彩
　可以最大限度地展现出饮品的美味。

## ◎3.5.3　海青 & 碧蓝色

❶ 这是一个网页详情页设计。采用上下分割
　的构图方式，将不同信息直观展示。

❷ 海青色与湖青色的搭配形成同类色对比，
　使整个画面给人以端正、清凉的感觉。

❸ 文字采用对称型的排版方式，形成稳定、
　均衡的视觉效果，同时便于观者阅读。

❶ 这是一家商店的宣传页面设计。通过水平
　型的构图方式，形成舒展、平稳的版面
　效果。

❷ 白色卡通兔子的形象与文字结合，使画面
　具有较强的趣味性与俏皮感，给人以轻快、
　放松的视觉感受。

❸ 碧蓝色作为主色调，使整个页面充满清凉
　的气息，具有放松心绪、平静内心的作用。

## ◎3.5.4　青绿色 & 瓷青

❶ 这是一款香水的产品宣传展示页面设计。画面中左右两侧茂密的绿植赋予画面以强烈的生命气息。

❷ 青绿色作为植物图案的主色，色彩较为饱满，给人以清新、自然、舒缓的视觉感受。

❸ 小鸟与花朵采用紫色、橙色等色彩进行设计，对画面起到了装饰的作用，使画面动静结合，更具表现力。

❶ 这是一款零食店铺的宣传详情页设计。采用顶角分散的构图方式，以底部产品为中心点向外发散，具有良好的视觉延展性。

❷ 以比较清冷的瓷青色作为背景主色调，给人以纯净、大方的感觉。同时也凸显该店铺注重食品安全与健康的经营理念。

❸ 产品左侧的文字，以不同的颜色与字体大小将信息进行分别传递。而右侧倾斜放置的简单圆形文字，既起到说明的作用，同时也丰富了画面的细节。

## ◎3.5.5　淡青 & 白青

❶ 这是一个化妆品网站的展示页设计。将文字放置在版面中间，使观者可以迅速了解展示页所要传递的信息。

❷ 左右两侧的首饰盒、花卉与甜品等元素具有较强的生活气息，使整个画面的氛围更加轻快、温馨。

❸ 展示页整体以淡青色作为背景色，并以粉色、蜜桃粉色等色彩作为点缀，给人以浪漫、清新的视觉感受。

❶ 这是一个店铺相关产品宣传的详情页广告设计。采用中心型的构图方式，将信息和图画全部集中在画面中间，给人以清晰、直观的视觉印象。

❷ 以卡通简笔画作为展示主图，通过儿童的视角来进行信息的传递。创意感十足又极具趣味性。特别是白色云朵的添加，打破了背景的单一、枯燥与乏味。

❸ 顶部主次分明的文字则进行了一定的解释与说明，同时丰富了画面的细节效果。

## ◎3.5.6　花浅葱 & 鸦青

❶ 这是一幅展示海报设计。将果蔬作为主体进行呈现，给人以直观、醒目的感觉。

❷ 版面以花浅葱色作为主色，色彩饱满，给人以雅致、复古的感觉。

❸ 满版型的构图放大色彩与图像的视觉冲击力，给人留下深刻的印象。

❶ 这是一款化妆品的产品详情页设计。采用中心型的构图方式，将产品直接放置在画面中间，再配以简单的文字，具有很好的宣传与传播效果。

❷ 以鸦青色为主色调的植物作为整个背景，将产品绿色、温和的特性凸显出来。同时也给人以成熟却不失时尚的视觉体验。

❸ 在产品左右两侧分别以较低透明度的白色矩形作为文字展示的载体，一方面凸显产品的清透与纯植物萃取的天然；另一方面增强了整个画面的层次感。

## ◎3.5.7　青灰 & 深青

❶ 这是一款果汁的产品详情展示页设计。采用虚实结合的手法突出展示产品，具有较强的吸引力。

❷ 青灰色与墨青色的搭配形成色彩的明暗和层次变化，提升了画面的空间感。

❸ 土黄色的色块和产品与背景形成鲜明的冷暖对比，使产品更加吸睛的同时也刺激观者的食欲。

❶ 这是一家快餐店的产品宣传页面设计。采用散点式的构图方式，将文字与图像填满版面，形成饱满、醒目的画面。

❷ 深青色作为背景色，色彩明度较低，在其衬托下使前景中的文字与图像更加突出、醒目。

❸ 橙红色文字与琥珀色产品呈暖色调搭配，与背景形成冷暖对比，增强了页面的视觉冲击力。

## ◎3.5.8　浅酞青蓝 & 靛青

❶ 这是一款染发剂的产品展示页设计。将产品作为主体展现，形成清晰、直观、醒目的效果。

❷ 浅酞青蓝、紫色、灰色等色彩的搭配，使整个画面呈冷色调，给人一种科技、绚丽、时尚、个性的感觉。

❸ 背景采用灰色与紫色搭配，呈现极光般的视觉效果，此设计丰富了背景的质感，同时增强了画面的动感。

❶ 这是有关电子产品的宣传 Banner 设计。采用上下分割的构图方式，将产品十分清楚地展现在消费者眼前。

❷ 版面上方采用高纯度的靛青作为主色，下方则使用纯度较低的灰蓝色作为主色，两种色彩形成纯度对比，丰富了背景的同时给人一种高端、科技、理性的感觉。

❸ 文字与图像位于左右不同区域，通过图文分离的方式使文字内容能够清楚地被观者获取，有利于信息的传递。

## ◎3.5.9　群青 & 藏青

❶ 这是一款电动牙刷的产品细节详情页设计。采用上下分割的构图方式，将产品细节和相关文字直接明了地展现在消费者眼前。

❷ 低纯度群青色渐变背景的运用，给人以沉着、冷静的感觉。同时也给消费者营造一种使用该款产品可以让牙齿更干净的视觉氛围。

❸ 将牙刷头进行放大后作为展示主图，同时在小面积粉色底色的衬托下，凸显牙刷毛的柔软与温和。

❶ 这是一个电子商铺相关电子产品的 Banner 设计。采用上下分割的构图方式，将文字和产品各自相对独立地进行展示。

❷ 背景采用藏青色与深青色搭配，以其沉稳、静谧的色彩特征，给人以较强的电子科技感。同时深浅不一的渐变，营造出立体空间感。

❸ 将各种电子产品放在画面下方位置，让消费者对店铺有一定的了解。电子产品上方的立体折扣文字，在一定投影的衬托下十分醒目。

# 3.6 蓝

## ◎3.6.1 认识蓝色

　　蓝色：蓝色是十分常见的颜色，代表着广阔的天空与一望无际的海洋，在炎热的夏天不但能给人带来清凉的感觉，而且它也是一种十分理性的色彩。

　　色彩情感：理性、智慧、清透、博爱、清凉、愉悦、沉着、冷静、细腻、柔润等。

| | | | |
|---|---|---|---|
| 蓝 RGB=0,0,255<br>CMYK=92,75,0,0 | 矢车菊蓝 RGB=100,149,237<br>CMYK=64,38,0,0 | 皇室蓝 RGB=65,105,225<br>CMYK=79,60,0,0 | 宝石蓝 RGB=31,57,153<br>CMYK=96,87,6,0 |
| 浅蓝 RGB=233,244,255<br>CMYK=11,3,0,0 | 冰蓝 RGB=165,212,254<br>CMYK=39,9,0,0 | 天蓝 RGB=102,204,255<br>CMYK=56,4,0,0 | 湛蓝 RGB=0,128,255<br>CMYK=80,49,0,0 |
| 灰蓝 RGB=156,177,203<br>CMYK=45,26,14,0 | 水墨蓝 RGB=73,90,128<br>CMYK=80,68,37,1 | 午夜蓝 RGB=0,51,102<br>CMYK=100,91,47,8 | 蓝黑色 RGB=0,29,71<br>CMYK=100,98,60,32 |
| 孔雀蓝 RGB=0,123,167<br>CMYK=84,46,25,0 | 海蓝 RGB=22,104,178<br>CMYK=87,58,8,0 | 钴蓝 RGB=0,93,172<br>CMYK=91,65,8,0 | 深蓝 RGB=0,64,152<br>CMYK=99,82,11,0 |

## ◎3.6.2 蓝＆矢车菊蓝

❶ 这是一个网站主页设计。画面采用分割型的构图方式，通过色块的对比形成直观的视觉冲击力。

❷ 蓝色与宝石蓝以及天蓝色之间形成鲜明的明度对比，使蓝色调页面形成层次感，并给人以幽远、广阔、科技的感觉。

❸ 文字采用不同的字号产生了层次分明的效果，将信息充分表达出来。

❶ 这是一款护肤品的宣传页面设计。采用直接展示的手法将产品置于画面中间，给人以醒目、鲜明的感觉。

❷ 矢车菊蓝与白色的渐变过渡形成清新、淡雅的风格。

❸ 把文字设计在页面左上角位置，并通过字号的不同显示出不同的层级关系，突出主要信息的同时便于观者了解产品。

## ◎3.6.3 皇室蓝＆宝石蓝

❶ 这是一家家居相关网站的产品展示页设计。通过色块的使用将不同产品进行展示，以便于观者选择产品。

❷ 皇室蓝与海青色作为背景色彩使用，形成邻近色对比，使整体画面给人带来清凉、雅致的感觉。

❸ 页面中留白较多，如此形成视觉上的通透感，同时有利于观者细致查看。

❶ 这是一家教育培训网站的首页设计。采用中心型的构图方式，将文字与主体图形放在版面中间，形成鲜明的视觉吸引力。

❷ 宝石蓝色的明度较低，纯度较高，常给人一种理性、冷静、博大、睿智的感觉。

❸ 少量橙色点缀在画面中添加暖色，与背景形成冷暖对比，增强了画面的视觉刺激性，使整个画面更加鲜活。

## ◎3.6.4  浅蓝＆冰蓝

❶ 这是一幅夏日主题的平面设计作品，采用左文右图的构图方式，将信息直接明了地传达，同时使左右两侧版面更加平衡、稳定。

❷ 以浅蓝色作为背景主色，下方使用纯度稍低的蓝色作为海浪的色彩，使色彩搭配更具层次感。

❸ 右上角的青蓝色遮阳伞图形直观地体现作品主题，通过与沙滩、海浪等元素的搭配，打造出极为生动、有趣的海边场景，展现出悠闲的夏日气氛，给人一种惬意、悠闲的视觉感受。

❹ 左侧深蓝色的主标题文字，将信息进行直接明了的传达，同时也让画面的视觉效果更加稳定。

❶ 这是一个蔬菜店铺产品宣传详情页设计。采用满版式的构图方式，在产品和文字之间适当留白，将其清楚直观地进行展现。

❷ 采用明度较高的冰蓝色作为背景主色，给人一种清爽、天然的视觉感受。而且蔬菜的红色和绿色形成强烈对比，极大地刺激了消费者的购买欲望。

❸ 蔬菜产品以倾斜的角度进行呈现，使其充满活力与动感，同时也凸显出产品的新鲜与健康。主体文字以较大的字号放置在产品左侧，十分醒目。

## ◎3.6.5  天蓝＆湛蓝

❶ 这是一家快件运输的网站的宣传页设计。通过图形与色彩的使用，形成简单、清爽的画面。

❷ 天蓝色、蔚蓝色与淡青色等色彩的使用，使整个画面的色彩呈明亮的浅色调，给人以清新、明快、轻松的感觉。

❸ 文字位于版面左上角，形成单独的区域，便于观者阅读了解网站信息。

❶ 这是一家制药企业的产品展示页设计。整个版面采用自由式的构图方式，将产品倾斜摆放，增强了画面的动感，给人以鲜活、时尚、个性的感觉。

❷ 湛蓝色色彩较为浓郁，令人联想到海洋与天空，给人以惬意与舒适的视觉感受。

❸ 黄色、青色、粉色、紫色等色彩的点缀，使画面色彩极为丰富、绚丽，活跃了整体的氛围。

## ◎ 3.6.6　灰蓝 & 水墨蓝

① 这是一家关于室内装修的网站主页设计。采用倾斜型的构图方式，将水果、炫光等元素倾斜构图，带来极强的动感。

② 灰蓝色色彩纯度较低，给人一种低调、内敛、朴实的感觉。

③ 文字采用不同的字号，并以白色进行设计，在灰色调背景的衬托下极为醒目。

① 这是一个店铺相关产品促销的文字宣传设计。采用中心型的构图方式，将文字在画面中心位置进行直接呈现，让消费者一目了然。

② 采用色彩饱和度偏低的水墨蓝作为背景主色调，给人营造一种深沉、稳定的视觉氛围。

③ 将主体文字与简单的线条相结合，组成一个礼盒的外观形状，创意十足。既将信息清楚明了地凸显出来，同时又给人以极强的趣味性。

## ◎ 3.6.7　午夜蓝 & 蓝黑色

① 这是一个旅游主题的网页宣传页设计。采用满版型的构图方式，将风景放大填满整个页面，具有较强的视觉吸引力。

② 午夜蓝色与青蓝色的天空形成鲜明的明暗对比，使夜晚风景更加真实，给人以生动、凉爽的视觉感受。

③ 文字的排版较为规整、有序，通过两端对齐的方式形成层次分明的视觉效果，让人一目了然。

① 这是一个网页宣传展示图设计。通过波浪形的图形使版面形成分割式构图，给人以灵动、鲜活的感觉。

② 蓝黑色的建筑中添加深青色的色块形成邻近色对比，丰富了画面的色彩层次，同时给人以深邃、高端的感觉。

③ 文字在灰色背景的衬托下十分醒目，采用端正、规整的排版方式也提高了文字的可读性。

## ◎3.6.8  孔雀蓝 & 海蓝

❶ 这是一个节日宣传页的海报设计。采用对
称型的构图方式，将文字与图像放在画面
中间，形成极强的视觉吸引力。

❷ 饱和度较高的孔雀蓝色与灰色背景的搭
配，给人一种稳重、优雅的感觉。

❸ 文字环绕啤酒进行摆放，形成弧线形的结
构，增添了灵动、俏皮的气息。

❶ 这是一个店铺产品宣传的广告设计。采用
文字为主、图形为辅的构图方式，将信息
直观地展现在消费者眼前。

❷ 将明度较低的海蓝色作为背景主色调，很
好地凸显版面的主要信息。由于海蓝色具
有一般蓝色的基本特征，因此给人营造了
一个比较舒适的视觉浏览环境。

❸ 黄色的主标题文字在画面中十分醒目，让
人一眼就能注意到。画面左侧的卡通宣传
人物为整个画面增添了许多趣味性。

## ◎3.6.9  钻蓝 & 深蓝

❶ 这是一幅音乐节主题的网页宣传展示页设
计。通过色块的叠加使画面具有层次感，
给人以简单、鲜活的感觉。

❷ 钻蓝色、宝石蓝色、黑色、粉色、橙色等
色彩间形成较为强烈的对比，给人以绚丽、
丰富的感觉。

❸ 不同的卡通图形使用不同的元素进行点
缀，拟人化与简约化的处理让它们更富含
趣味性与活泼感，充满童趣、俏皮感，使
画面更具亲和力。

❶ 这是一款电脑的宣传详情页设计。采用上
下分割的构图方式，将产品进行较为全面
的展示。

❷ 整个背景采用灰色和深蓝色，形成冷色调
的画面，给人以科技、理性、严肃的感觉。

❸ 上方的笔记本以立体的角度进行呈现，给
消费者以直观的视觉感受。

# 3.7 紫

## ◎3.7.1 认识紫色

紫色：紫色是由温暖的红色和冷静的蓝色混合而成的，是极佳的刺激色。因此紫色具有高端与奢华的特征，所以多用于女性产品的品牌设计中。灵活运用紫色可以突出高雅与时尚，对品牌也具有很好的宣传与推广作用。

色彩情感：神秘、冷艳、高贵、优美、奢华、孤独、隐晦、成熟、勇气、魅力、自傲、流动、不安、混乱等。

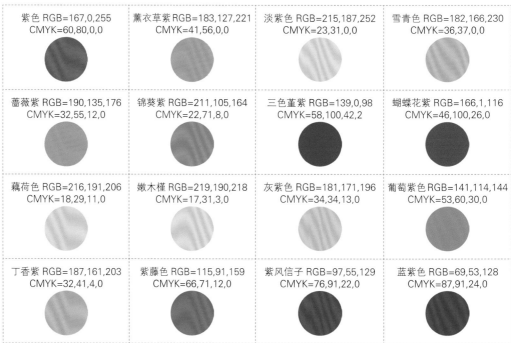

| | |
|---|---|
| 紫色 RGB=167,0,255 CMYK=60,80,0,0 | 薰衣草紫 RGB=183,127,221 CMYK=41,56,0,0 |
| 淡紫色 RGB=215,187,252 CMYK=23,31,0,0 | 雪青色 RGB=182,166,230 CMYK=36,37,0,0 |
| 蔷薇紫 RGB=190,135,176 CMYK=32,55,12,0 | 锦葵紫 RGB=211,105,164 CMYK=22,71,8,0 |
| 三色堇紫 RGB=139,0,98 CMYK=58,100,42,2 | 蝴蝶花紫 RGB=166,1,116 CMYK=46,100,26,0 |
| 藕荷色 RGB=216,191,206 CMYK=18,29,11,0 | 嫩木槿 RGB=219,190,218 CMYK=17,31,3,0 |
| 灰紫色 RGB=181,171,196 CMYK=34,34,13,0 | 葡萄紫色 RGB=141,114,144 CMYK=53,60,30,0 |
| 丁香紫 RGB=187,161,203 CMYK=32,41,4,0 | 紫藤色 RGB=115,91,159 CMYK=66,71,12,0 |
| 紫风信子 RGB=97,55,129 CMYK=76,91,22,0 | 蓝紫色 RGB=69,53,128 CMYK=87,91,24,0 |

## ◎3.7.2 紫色 & 薰衣草紫

❶ 这是一个优惠活动的相关页面设计。采用对称型的构图方式，将图形与文字居中，给人以稳定、醒目、直观的视觉感受。

❷ 紫色的纯度较高，色彩浓郁、绚丽，给人一种鲜艳、时尚、新潮的感受。

❸ 简约的优惠券图案与周围小色块的点缀使画面更加生动，使整个画面呈现鲜活、灵动的视觉效果。

❶ 这是一个家具定制的网页展示页设计。通过虚实结合的手法增强图像的立体感与画面的空间感，使画面更具吸引力。

❷ 亮灰色作为页面主色，薰衣草紫作为辅助色，使整个页面呈现理性、高端风格的同时又不失浪漫、时尚。

❸ 左上角不规则色块的设计增添了画面的动感与韵律感，与规整排列的文字形成动静对比，提升了画面的感染力。

## ◎3.7.3 淡紫色 & 雪青色

❶ 这是一家宠物店的网页展示图设计。采用骨骼型的构图方式，形成规整、富有条理的版面效果。

❷ 淡紫色作为主图背景色，色彩柔和，给人一种淡雅、浪漫、清新的视觉感受。

❸ 主图中卡通猫咪炯炯有神的双眼使其更加生动、鲜活，极为灵动，使页面更加吸睛。

❶ 这是一家商店的首页设计。通过渐变色块的使用给人以清新、活泼的视觉体验。

❷ 亮灰色作为页面主色，形成极简、清爽的网页风格。而雪青色、粉色、蜜桃粉色等色彩的添加则增添了画面的活泼感，使网页更加吸睛。

❸ 黑色文字采用平整、纤细的字型，使其具有较强的可读性，便于观者了解信息。

## ◎3.7.4 蔷薇紫 & 锦葵紫

❶ 这是一款护肤品的宣传广告设计。采用中心型的构图方式，将产品放在画面中间位置，使其达到很好的宣传与推广效果。

❷ 纯度偏高的蔷薇紫色具有活跃时尚的色彩特征，十分受女性喜爱。将其作为产品展示主色调，具有很强的视觉吸引力。

❸ 向右上角倾斜摆放的包装盒与向左上角倾斜的产品，让整个画面形成一个平衡稳定的状态，而且营造出一种充满活跃的动感氛围。

❶ 这是一款产品的宣传海报设计。采用上下分割的构图方式，以立体的文字展示为主，给消费者以较强的视觉冲击力，进而刺激其进行购买。

❷ 采用纯度较低的锦葵紫色作为背景主色调，给人以光鲜、优雅的视觉感受。

❸ 直接摆放在画面底部中间位置的产品，十分醒目，而且产品后方少量的葡萄，既表明了口味，同时也打破了产品摆放的单调性。

## ◎3.7.5 三色堇紫 & 蝴蝶花紫

❶ 这是一个网页的欢迎页设计。采用满版型的构图方式，将图形填满页面，极具视觉冲击力。

❷ 卡通熊图形通过不断的重复组合，形成较强的韵律感与规律性，给人留下深刻印象。

❸ 三色堇紫、紫色、山茶红色、橙色、淡黄色等色彩的搭配形成明暗对比，给人带来绚丽、缤纷、丰富的视觉感受。

❶ 这是一幅关于新年活动的宣传页设计。将文字作为主体放在页面中间位置，给人醒目、鲜明的感受。

❷ 蝴蝶花紫色彩较为饱满，给人带来时尚、摩登、充满魅力的视觉感受。

❸ 主体文字采用线条组合形成，增强其设计感的同时使页面更具层次感。

## ◎3.7.6 藕荷色 & 嫩木槿

❶ 这是一款龙舌兰酒的产品详情页设计。采用水平型的构图方式将文字与图形展现，给人以通透、舒展的感受。

❷ 藕荷色纯度与明度适中，给人一种温柔、细致、淡雅的视觉感受。

❸ 左侧产品图形与右侧的实物形成二维与三维的对比，具有新颖、独特的展示效果。

❶ 这是一个店铺相关产品的文字宣传广告设计。采用骨骼型的构图方式，将产品信息清晰明了地传达给广大消费者。

❷ 整体采用纯度较低的嫩木槿作为背景主色，给人一种轻柔、淡雅的视觉感受。同时也凸显出店铺雅致却不失时尚的经营理念。

❸ 将折扣力度文字进行放大处理放在画面中间位置，十分醒目，而且经过设计将其以立体的形式呈现，营造出很强的立体感。

## ◎3.7.7 灰紫色 & 葡萄紫色

❶ 这是一款女士洁面仪的宣传广告设计。重心采用上下分割的构图方式，将视觉重心放在产品展示上。让消费者对产品能够有更加直观的认知。

❷ 采用饱和度较低的灰紫色作为背景主色调，给人以淡雅、古典的感觉。

❸ 将产品以立体的角度进行呈现，环绕产品的光圈，更加突出产品的精致与高雅。

❶ 这是一款女鞋的产品展示页设计。采用水平型的构图方式，形成流畅延展的视觉流程。

❷ 低纯度与明度的葡萄紫色与木槿紫色的搭配形成典雅、雍容、大气的风格。

❸ 文字采用右对齐的排列方式，与产品形成两端对齐的结构，带来规整、严谨、均衡的版面构图。

## ◎3.7.8　丁香紫 & 紫藤色

❶ 这是一款零食的产品宣传设计。采用倾斜型的构图方式，增强了画面的动感，给人以鲜活、灵动的感觉。

❷ 丁香紫、蓝紫色、水仙紫等色彩间形成同类色对比，使画面更具层次感，同时紫色调画面呈现浪漫、时尚、优雅的视觉效果。

❸ 橘棕色与浅黄色的饼干与主体色形成鲜明的互补色对比，给人以极强的视觉刺激，使作品更具吸引力。

❶ 这是一个店铺产品宣传的文字广告设计。采用中心型的构图方式，将文字集中在画面中心位置，给消费者一个清晰直观的视觉印象。

❷ 以纯度较高的紫藤色作为背景主色调，给人以时尚、亮眼的视觉感受。透明度较低的白色矩形，一方面将文字限制在该范围内，具有很好的视觉聚拢感；另一方面，适当地降低了背景的亮度，将文字凸显出来。

## ◎3.7.9　紫风信子 & 蓝紫色

❶ 这是一个女士手提包的详情页设计。采用产品展示为主、文字说明为辅的构图方式，将二者进行较为直观的展示。

❷ 采用低明度的紫风信子作为背景主色调，使人产生神秘莫测的感觉。中间高明度紫色的过渡，将产品和文字很好地展现出来。

❸ 放在画面左侧的手提包，在周围适当的留白环境下十分醒目，而且借助底部的展示载体，让整个画面具有很强的空间感。

❶ 这是一款洗发水套装的产品宣传设计。整体呈居中对称构图，形成均衡、稳定的构图效果。

❷ 蓝紫色与紫黑色间的过渡形成画面的空间感，中心位置明度极高，将观者视线引导至产品上方。

❸ 文字通过字号的不同形成不同的层级关系，将主体文字突出显示，便于观者阅读了解产品信息。

# 3.8 黑白灰

## ◎ 3.8.1 认识黑白灰

黑色：黑色神秘、黑暗、暗藏力量。它可将光线全部吸收且没有任何反射。黑色是一种具有多种不同文化意义的颜色。在电商美工设计中运用黑色，既可以展现品牌的高雅与时尚，又可以体现企业的成熟与稳重，很容易使消费者产生信任感。

色彩情感：高雅、稳定、理性、神秘、冷静、力量、坚硬、沉重、个性、严肃、悲伤、忧愁等。

白色：白色象征高洁与明亮，在森罗万象中有深远的意境。白色，还有凸显的效果，尤其在深浓的色彩间，一道白色、几滴白点，就能起到极大的鲜明对比，将品牌很好地突出出来。

色彩情感：简约、空灵、高尚、纯洁、公正、端庄、正直、清爽、通透、自由等。

灰色：灰色比白色深一些，比黑色浅一些，夹在黑白两色之间。 设计中适当运用灰色，既可以缓解黑色带来的沉闷感，又可以增加白色的沉稳感。

色彩情感：迷茫、实在、老实、厚硬、顽固、坚毅、执着、正派、压抑、内敛、朦胧等。

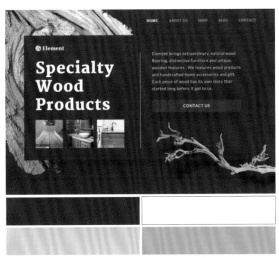

| | | |
|---|---|---|
| 白 RGB=255,255,255<br>CMYK=0,0,0,0 | 亮灰 RGB=230,230,230<br>CMYK=12,9,9,0 | 浅灰 RGB=175,175,175<br>CMYK=36,29,27,0 |
| 50% 灰 RGB=129,129,129<br>CMYK=57,48,45,0 | 黑灰 RGB=68,68,68<br>CMYK=76,70,67,30 | 黑 RGB=0,0,0<br>CMYK=93,88,89,80 |

## ◉3.8.2　白&亮灰

❶ 这是一款冰激凌的产品详情页设计。采用骨骼型的构图方式，将产品与文字清晰展现出来。

❷ 以白色作为主色，粉色作为辅助色进行搭配，给人以清爽、简单、甜蜜的感觉。

❸ 右上角产品后侧飞溅的牛奶增强了画面的动感，使画面更加吸睛的同时让人感觉冰激凌更显美味。

❶ 这是一款手表的 Banner 设计，采用左右分割的构图方式。

❷ 采用色彩明度较高的亮灰色作为背景主色调，给人以高雅、平静的视觉感受。

❸ 放置在画面右侧的产品，右侧以人物佩戴的方式给人以整体的印象。人物前的表盘被放大，将其内部细节显示出来，可以让消费者对产品有更加清晰的认识。同时，将品牌字母放大处理作为主体文字，能够达到很好的宣传效果。

## ◉3.8.3　浅灰 &50% 灰

❶ 这是一款手表的详情页设计。采用倾斜型的构图方式，将产品直观地进行展现，使消费者一目了然。

❷ 采用浅灰色作为背景主色调，给人以优雅、精致的视觉体验。整体以黑色为主的手表配色，具有很强的科技感。

❸ 将手表倾斜穿插在立体的展示柜中，在适当阴影的配合下，给人营造了很强的空间立体感。放大处理的表盘，使手表内部形态清楚地展现在消费者眼前。

❶ 这是一家酒店的网页宣传页设计。采用分割型的构图方式，通过不同色块形成不同的板块，给人以规整、和谐的感觉。

❷ 50% 灰的明度适中，给人以深邃、安静、优雅的视觉感受。

❸ 黄色圆环图形与橄榄色绿植的点缀为画面增添色彩并带来活力与生机。

## ◎3.8.4 黑灰 & 黑

① 这是一家宠物店的网页设计。采用骨骼型的构图方式，形成层次分明的信息传递。

② 黑灰色作为背景色使用，色彩明度较低，给人以严谨、理性、值得信任的感觉。

③ 网页主图将猫咪形象作为主体，增强了网页的视觉吸引力，从而获得更大的浏览量。

① 这是一个店铺相关产品宣传的文字设计，采用中心型的构图方式。

② 以黑色作为背景主色调，将版面中的内容清晰明了地展现出来，同时凸显店铺的成熟与稳重，增加消费者的信赖感。

③ 将文字以立体的形式展现，给人营造一种空间立体感。在黑白颜色对比之中，极具时尚感与扩张感。多彩的立体文字侧面，为单调的背景增添了活力与动感。

# 第4章 电商美工设计中的版式

版面设计应用范畴很广，可涉及报纸、刊物、画册、书籍、海报、广告、招贴画、封面、唱片封套、产品样本、挂历、页面等各个领域。根据作品版面编排设计的不同大致可分为中心型、对称型、骨骼型、分割型、满版型、曲线型、倾斜型、放射型、三角形、自由型，不同类型的版面设计可以为作品表达不同的情绪。

# 4.1 中心型

中心型是指在进行相应的电商美工设计时，把画面的构成要素用点、线、面或体的形式，放置在画面中间位置来呈现，以造成强烈的视觉冲击力。

中心型的构图方式，是将产品直接摆放在画面中间位置，一方面给消费者以清晰直观的视觉印象，使其一目了然；另一方面可以增强其对店铺的信任感与满意度，对品牌具有积极的宣传与推广作用。

特点：

◆ 将产品集中在画面中间位置，具有很强的视觉聚拢感；

◆ 适当的文字说明，可以提高整体的细节设计感；

◆ 周围适当的留白，让产品更加突出，同时给消费者提供了良好的阅读环境。

## ⊙ 4.1.1　高雅精致的中心型电商美工设计

为了让产品更加突出，给人以精致高雅的视觉体验，常用中心型的构图方式。

**设计理念**：这是一款女士手提包的详情页设计展示。将产品实拍效果适当放大，摆放在画面中间位置，给消费者直观的视觉印象，具有很强的视觉冲击力。

**色彩点评**：整体以蓝色为主色调。浅蓝色的渐变背景，一方面将产品很好地凸显出来，给人以视觉过渡感；另一方面又与产品本身色调形成鲜明的对比。

① 摆放在画面中间位置的产品，在周围适当留白的衬托下十分醒目。底部投影的添加，营造了很强的空间立体感。

② 在手提包后方的白色主标题文字，对产品进行了相应的说明，同时提高了整个画面的亮度。

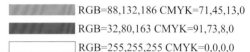

RGB=88,132,186 CMYK=71,45,13,0

RGB=32,80,163 CMYK=91,73,8,0

RGB=255,255,255 CMYK=0,0,0,0

这是一款耳机的产品详情页设计展示。将产品以倾斜的角度摆放在画面中间位置，使消费者一目了然。黑色的产品在浅灰色背景的衬托下，凸显其精致、时尚的特性，将其与文字进行穿插设计，特别是在耳机上方的红色字母 D，在黑红的经典颜色搭配中，给人以极强的视觉冲击力。

这是一款化妆品的详情页设计展示。采用拼接式的背景，在对比中给人以视觉冲击力。而放在背景拼接位置的产品，在同色系的对比中十分醒目，尽显其精致与时尚，给人一种使用后皮肤会很好的视觉感受。产品前方白色矩形框内部的白色文字，对产品进行补充说明，同时具有很强的视觉聚拢感。

RGB=225,230,233 CMYK=14,8,8,0

RGB=255,255,255 CMYK=0,0,0,0

RGB=234,38,38 CMYK=8,94,87,0

RGB=17,16,16 CMYK=87,83,83,72

RGB=167,67,73 CMYK=42,86,68,4

RGB=255,255,255 CMYK=0,0,0,0

RGB=227,225,224 CMYK=13,11,11,0

RGB=201,190,185 CMYK=25,26,24,0

# ◎4.1.2 中心型版式的设计技巧——以产品展示为主

采用中心型的构图方式，就是将产品作为展示主图。只有这样才能吸引消费者的注意力，进而刺激其产生购买欲望。而文字一方面对产品进行辅助说明，另一方面可以增强整体的细节设计感。所以在设计时，一定不要本末倒置，这样不仅起不到相应的宣传效果，反而会弄巧成拙。

这是一个沙发的 Banner 设计展示。将产品直接放在画面中间位置，给消费者以直观的视觉印象。产品的蓝色与背景的橙色形成鲜明的颜色对比，时尚却不失家的温馨与浪漫。

产品上方主次分明的白色文字，对产品的宣传与推广有积极的作用，同时也让整体的细节效果更加丰富。

这是一个网站展示页设计。将办公桌的局部照片作为主体图像放在版面中央，令人产生很好的视觉聚拢感。产品上下两侧的文字居中排版，使整个版面更加平衡、稳定。白色文字明度较高，在水红色背景的衬托下极为醒目、清晰，可以将信息有效传达出来。

## 配色方案

双色配色

三色配色

四色配色

## 中心型版式设计赏析

# 4.2 对称型

对称型构图是将版面分割为两部分，进行上下或左右对称设计。与此同时，对称型的构图方式可分为绝对对称型与相对对称型两种。绝对对称即上下、左右、两侧是完全一致的，且其图形是完美的；而相对对称即元素上下、左右、两侧略有不同，但无论横版还是竖版，版面中都会有一条中轴线。对称是一个永恒的主题，因此为避免版面过于严谨，大多数版面设计采用相对对称型构图。

特点：

◆ 版面多以图形表现对称，有着平衡、稳定的视觉感受；

◆ 绝对对称的版面会产生秩序感、严肃感、安静感、平和感，对称型构图也可以展现版面的经典、完美且充满艺术性的特点；

◆ 善于运用相对对称的构图方式，在避免版面过于呆板的同时，还能保留其均衡的视觉美感。

# ◉ 4.2.1 清新亮丽的对称型电商美工设计

对称型的构图方式，虽然让整体具有很强的规整性与视觉统一感，但是却存在版面单调、乏味的问题。而清新亮丽的对称型电商美工设计，一般用色比较明亮，而且在小的装饰物件的衬托下，使整个画面产生一定的动感与活力。

设计理念：这是一个店铺相关产品折扣的宣传详情页设计，构图采用相对对称的构图方式来呈现。将完整版面放在画面中间，十分醒目，给人以清晰、直观的视觉印象。

色彩点评：整体以粉色为主色调，一方面与小面积的浅青色形成对比，给人以清新亮丽的视觉感受；另一方面将其他信息和图案清楚地凸显出来。

🔵 将完整的设计版式放在画面中间位置，使消费者一目了然。而在左右两侧适当缩小的半透明版式，既丰富了整体的细节效果，同时也让主体效果更加突出，使人印象深刻。

🔵 宣传版式底部投影的添加，给人营造一种很强的空间立体感。相对于平面来说，更具有宣传效果。

RGB=248,187,203 CMYK=2,37,9,0
RGB=252,230,239 CMYK=1,15,1,0
RGB=234,104,139 CMYK=10,73,26,0
RGB=118,135,192 CMYK=61,46,8,0
RGB=175,221,220 CMYK=37,2,18,0
RGB=255,255,255 CMYK=0,0,0,0

这是一款食品的详情页设计展示效果。左右两侧产品整体采用相同的构图方式，给人以统一、和谐的视觉印象。画面中间位置简单的白色直线，具有明显的分割作用。贝壳粉的背景，既提高了整体的色彩亮度，又能激发消费者的购买欲望。特别是两侧白色简笔画餐具的添加，为整个画面增添了趣味性。

■ RGB=249,179,164 CMYK=2,40,30,0
RGB=248,246,240 CMYK=4,4,7,0
□ RGB=255,255,255 CMYK=0,0,0,0
RGB=235,177,98 CMYK=11,38,65,0
■ RGB=57,56,55 CMYK=78,72,71,41

这是一款蜂蜜的详情页设计展示效果。采用相对对称的构图方式，将产品以倾斜型的方式摆放在画面左右两侧，十分醒目。将落未落的蜂蜜，给人以很强的食欲与视觉动感。下方超出画面的向日葵花，凸显出产品的新鲜与健康。

■ RGB=88,55,29 CMYK=61,76,96,41
RGB=241,207,60 CMYK=12,21,81,0
□ RGB=255,255,255 CMYK=0,0,0,0
RGB=205,90,46 CMYK=24,77,88,0
■ RGB=35,19,5 CMYK=77,83,94,70

## ◎4.2.2 对称型版式的设计技巧——利用对称表达高端奢华感

对称的景象在生活中与设计中都较为常见，然而不同的对称方式可以展现出不同的视觉效果。绝对对称具有较强的震撼力，通常给人以奢华、端庄的完美印象，而相对对称具有较强的透气性，给人以更为活跃的视觉感受。

这是一款香水的详情页设计展示。采用对称型的构图方式，将产品摆放在左右相对位置，给人以直观的视觉印象。

深紫色的背景，将亮色产品很好地凸显出来。在明暗对比中，凸显出产品的精致与高雅，极具视觉冲击力。

在两款产品下方的文字，以相同的排版样式进行呈现，对产品进行了相应的说明，具有很强的统一、和谐感。

这是一个店铺优惠券的设计展示。以中心型的构图方式，将两个完全相同的优惠券摆放在画面中间，在颜色对比中给人以直观、清晰的视觉印象。

以青色作为背景主色调，一方面将优惠券凸显出来；另一方面在同色系珠子的衬托下，尽显店铺精致、优雅、时尚的经营理念。

简单的文字，既具有很强的宣传推广作用，同时也提高了整体的细节设计感。

### 配色方案

双色配色

三色配色

四色配色

### 对称型版式设计赏析

# 4.3 骨骼型

骨骼型是一种规范的、理性的分割方式。骨骼型的基本原理是将版面刻意按照骨骼的规则，有序地分割成大小相等的空间单位。骨骼型可分为竖向通栏、双栏、三栏、四栏等，而大多版面都应用竖向分栏。在版面文字与图片的设计上，严格地按照骨骼分割比例进行编排，可以给人以严谨、和谐、理性、智能的视觉感受，常应用于新闻、企业网站等。变形骨骼构图也是骨骼型构图方式的一种，它的变化是发生在骨骼型构图基础上的，通过合并或取舍部分骨骼寻求新的造型变化，使版面变得更加活跃。

特点：

- ◆ 骨骼型版面可竖向分栏，也可横向分栏，且版面编排有序、理智；
- ◆ 有序的分割与图文结合，会使版面更为活跃且富有弹性；
- ◆ 严谨地按照骨骼型进行编排，版面具有严谨、理性的视觉感受。

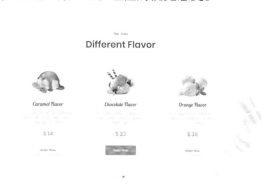

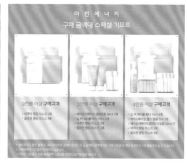

## ◎4.3.1 图文结合的骨骼型电商美工设计

在现在这个快节奏的社会，相对于文字而言，人们更偏向于看图。因为图可以给人以清晰、直观的视觉印象，将信息进行直接的传达。但这并不是说文字不重要，而是要做到以图像展示为主，以文字说明为辅，将图文进行完美结合，将版面的信息传达到最大化。

**设计理念**：这是一个化妆品店铺相关产品的详情页设计。采用竖向分三栏的构图方式，将产品和文字清晰、直观地呈现出来。

**色彩点评**：整体以红色为主色调，凸显店铺精致、时尚的经营理念。在与其他颜色的对比中，将版面中的内容很好地凸

显出来，使人一目了然。

🔵 以三个完全相同但颜色不同的矩形作为文字展示的载体，再加上统一的文字排版格式与适当的留白，营造了一个很好的阅读空间。

🔵 将产品以不同的展示角度放在相应的矩形上方，而且都是以内部质地进行呈现，很容易获得消费者对店铺的信赖感。

RGB=194,67,66 CMYK=30,86,74,0
RGB=248,188,191 CMYK=2,36,23,0
RGB=249,214,185 CMYK=3,22,28,0
RGB=246,190,214 CMYK=4,36,3,0
RGB=255,255,255 CMYK=0,0,0,0
RGB=34,27,37 CMYK=84,86,71,59

这是一家蛋糕店的系列产品展示页面设计。将产品以相同规格的矩形作为展示载体，使整个版面形成整体、统一、协调的视觉效果。白色作为背景色，给人以清爽、简约、洁净的视觉感受，有益于增强消费者对于商品的信任度。

RGB=255,255,255 CMYK=0,0,0,0
RGB=226,197,215 CMYK=14,28,7,0
RGB=239,176,173 CMYK=7,41,25,0
RGB=169,221,216 CMYK=39,1,21,0
RGB=194,58,69 CMYK=30,90,70,0
RGB=24,16,12 CMYK=82,83,87,73

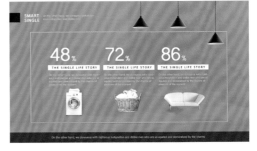

这是一个家具店铺相关产品的详情页设计。整体以橙色为主色，营造了一种家的温馨与舒适的氛围。将相关文字以整齐统一的竖向分三栏进行呈现，给消费者直观的视觉印象。外围的白色描边矩形框，具有很强的视觉聚拢感。同时右上角的吊灯，具有很好的装饰效果。

RGB=223,114,78 CMYK=15,67,68,0
RGB=255,255,255 CMYK=0,0,0,0
RGB=7,8,5 CMYK=90,85,87,77

## ◎4.3.2 骨骼型版式的设计技巧——对产品进行直接呈现

骨骼型版式具有很强的视觉统一感，给消费者以最直观的感受。美工设计要将产品进行直接的呈现时，骨骼型版式是合适的选择，使消费者在第一眼看到产品时就形成清晰明了的认知。这样可以让其对店铺以及品牌产生好感，同时激发其购买的欲望。

这是一个手提包店铺产品的详情页设计。将整个版面划分为多个完全相同的矩形作为产品展示的载体，使消费者对各个款式的包包都有直接的视觉印象。

在两种不同纯度灰色的对比中，凸显出手提包的精致与时尚，极大地刺激了消费者的购买欲望。右下角的白色描边矩形，打破了规整摆放的单调与沉闷感，有一种瞬间得到顺畅呼吸的视觉体验感。

这是一个服装店铺产品的详情页设计。将整个版面以矩形作为产品展示的载体，在大小变换中，给人以视觉缓冲力。

左侧的长条矩形，在淡灰色背景的衬托下，尽显产品的高雅与精致。右上角的包包展示矩形，以纯度较高的橙色作为背景色，给人以年轻、充满活力的视觉感受。矩形外围的白色描边，在深红色背景的衬托下十分醒目，同时也适当提高了画面整体的亮度。

### 配色方案

| 双色配色 | 三色配色 | 四色配色 |
|:---:|:---:|:---:|
|  |  | 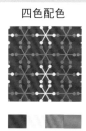 |

### 骨骼型版式设计赏析

# 4.4 分割型

　　分割型构图可分为上下分割、左右分割和黄金比例分割。上下分割即版面上下分为两部分或多个部分，版面多以文字图片相结合，图片部分可增强版面艺术性，文字部分能够提升版面理性感，使版面形成既感性又理性的视觉美感；而左右分割通常运用色块进行分割设计，为保证版面平衡、稳定，可将文字图形相互穿插，在不失美感的同时又保持了重心平稳；黄金比例分割也称中外比，比值为 0.618 ： 1，是最容易使版面产生美感的比例，也是最常见的使用比例，正是由于它在建筑、美学、文艺甚至音乐等领域内应用广泛，因此被形象地称为黄金分割。

　　分割型构图更重视的是艺术性与表现性，通常可以给人稳定、优美、和谐、舒适的视觉感受。

特点：

◆ 具有较强的灵活性，可左右、上下或斜向分割，同时也具有较强的视觉冲击力；

◆ 利用矩形色块分割画面，可以增强版面的层次感与空间感；

◆ 特殊的分割，可以使版面独具风格，且更具有形式美感。

# ◎ 4.4.1 独具个性的分割型电商美工设计

分割型的构图方式，本身就具有很大的设计空间。在设计时可以采用横向、竖向、倾斜、横竖相结合等不同角度的分割方式，但不管怎么进行分割，整体都要呈现美感与时尚。特别是在现今飞速发展的社会，独具个性与特征的分割型版式，具有很强的视觉吸引力。

**设计理念**：这是一个促销活动的宣传页设计。采用倾斜分割型的构图方式将整个画面分割。在倾斜的色块变化中将主题清晰直观地呈现在消费者面前。

**色彩点评**：整体以宝石红与三色堇紫色作为背景主色调，在不同分割图形的渐变过渡中，带来强烈的视觉冲击力。不同色彩的对比，使整个版面呈现出时尚、绚丽的美感。

🌀 分割色块呈现为弯折的形态，与中心的平行四边形形成平行分布，使画面具有较强的韵律感。

🌀 中心的图形形成叠加的效果，在白色边框的装点下更加灵活、生动，使整体画面更显跳动、鲜活，增强了页面的视觉感染力。

RGB=244,47,148 CMYK=4,89,3,0
RGB=193,11,158 CMYK=36,92,0,0
RGB=188,14,254 CMYK=60,80,0,0
RGB=29,127,253 CMYK=79,50,0,0
RGB=255,188,51 CMYK=2,34,82,0
RGB=255,255,255 CMYK=0,0,0,0

这是一个宠物店铺产品的详情页设计。采用两个倾斜的黄色矩形，将整个版面进行分割。在深色背景的衬托下十分醒目，具有很强的宣传效果。放在画面中间的小狗，同时与文字进行穿插，给人以空间立体感与趣味性。对其他小文字进行了相应的说明，同时丰富了整体的细节效果。

■ RGB=28,28,30 CMYK=85,80,77,63
□ RGB=255,255,255 CMYK=0,0,0,0
▨ RGB=250,205,24 CMYK=7,24,88,0
▨ RGB=243,150,37 CMYK=5,52,87,0

这是一家线上植物售卖的网站首页设计。采用不规则的分割方式，将仙人掌清晰地呈现出来。整个版面通过不同色块的对比，形成丰富的层次。版面左侧较大的文字采用白色，可起到较强的宣传作用。

■ RGB=65,107,80 CMYK=79,51,76,10
■ RGB=103,137,93 CMYK=67,39,73,0
▨ RGB=189,219,169 CMYK=33,5,42,0
□ RGB=255,255,255 CMYK=0,0,0,0
▨ RGB=232,189,70 CMYK=15,30,78,0
■ RGB=36,64,47 CMYK=85,64,84,42

## ◎4.4.2  分割型版面的设计技巧——注重色调一致性

画面色彩是整个版面的第一视觉语言。色调或明或暗、或冷或暖、或鲜或灰都是表现对版面总体把握的一个手段，五颜六色总会给人以眼花缭乱的视觉感受，而版面色调和谐统一，颜色之间你中有我，我中有你，就会使画面形成一种舒适的视觉美感。

这是一款护肤品的详情页设计。将整个版面垂直分割为三个部分作为不同产品展示的载体。

每一个产品展示的小背景，均采用产品本身的颜色作为主色调。一方面给人以统一、整齐的视觉感受；另一方面在不同颜色的对比中，将各个产品都清楚地凸显出来。

这是一款美容产品的详情页设计。采用倾斜型的分割方式，将版面一分为二，对产品进行分别呈现。

整个分割背景以蔬菜为主体，通过不同明度与纯度的绿色表现其鲜活、水润的特点，以此说明产品对于抗老修复的功效，给人以色彩自然、舒适、统一的视觉感受。

### 配色方案

| 双色配色 | 三色配色 | 四色配色 |
|---|---|---|

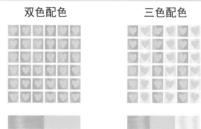

### 分割型版式设计赏析

# 4.5 满版型

满版型构图即以主体图像填充整个版面，且文字可放置在版面各个位置。满版型的版面主要以图片来传达主题信息，以最直观的表达方式向众人展示其主题思想。满版型构图具有较强的视觉冲击力，且细节内容丰富、版面饱满，给人以大方、舒展、直白的视觉感受。图片与文字相结合，既可以提升版面层次感，同时也增强了版面的视觉感染力及版面宣传力度，是商业类版面设计常用的构图方式。

特点：

◆ 多以图像或场景充满整个版面，具有丰富饱满的视觉效果；

◆ 拥有独特的传达信息特点；

◆ 文字编排可以体现版面的空间感与层次感；

◆ 单个对象突出，具有视觉冲击力；

◆ 凸显产品细节，增强消费者的信赖感与好感度。

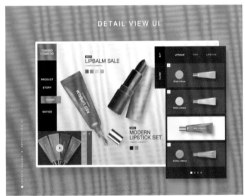

## ◎4.5.1 凸显产品细节的满版型电商美工设计

满版型的构图方式一般展现的是产品整体概貌，消费者对产品细节不能有较为清晰的认识。所以在设计时可以将产品的细节效果作为展示主图，这样不仅可以让消费者对产品有更加清楚、直观的了解，同时也可以增强其对店铺以及品牌的信赖感，进而激发其购买欲望。

**设计理念：**这是一款食品的详情页设计。将产品放大后作为展示主图，让产品上方的每个水果粒都清晰可见，具有很强的视觉冲击力，最大限度地激发了消费者的购买欲望。

**色彩点评：**整体以紫色为主色调，将

产品很好地凸显出来。同时与右上角的其他颜色形成对比，让整个画面具有鲜活的活跃动感。

⓵将产品以倾斜的角度进行摆放，可以让更多的细节凸显出来。在适当投影的衬托下，营造了很强的空间立体感。

⓶左下角主次分明的文字，对产品有积极的宣传推广作用。周围简单的线条装饰，为画面增添了一定的趣味性。

- RGB=125,84,159 CMYK=63,75,8,0
- RGB=226,120,62 CMYK=14,64,77,0
- RGB=201,45,45 CMYK=27,94,88,0
- RGB=143,74,66 CMYK=49,79,73,12
- RGB=255,255,255 CMYK=0,0,0,0

这是一款果酱的宣传展示设计。将一匙果酱放在版面中间，直观、清晰地展现产品色泽与质感，给人以一目了然的感觉。同时背景中的木板与桑葚果粒色调较为深沉，给人一种严谨、理性的感觉，有益于增强消费者的信任度。

这是一款化妆品的详情页设计。将产品放大直接放在画面中间位置，可以让消费者直观地感受到产品的质地与细节，具有直观的视觉印象。使用产品绘制的直线，在黑色背景的衬托下十分醒目，具有很强的视觉冲击力。

- RGB=78,75,98 CMYK=78,74,51,12
- RGB=91,48,70 CMYK=68,87,59,28
- RGB=167,99,64 CMYK=42,69,80,3
- RGB=255,255,255 CMYK=0,0,0,0
- RGB=214,203,195 CMYK=19,21,22,0

- RGB=9,8,8 CMYK=89,85,85,76
- RGB=255,255,255 CMYK=0,0,0,0
- RGB=160,51,58 CMYK=43,92,78,8

写给 设计师 的书

电商美工设计手册

（第2版）

## ◎4.5.2 满版型版式的设计技巧——增添创意与趣味性

创意是整个版面的设计灵魂,只有抓住众人的阅读心理,才能达到更好的宣传效果。在运用满版型版式的电商美工进行设计时,一方面要将产品进行清晰、直观的展示,使消费者一目了然;另一方面要适当增加画面的创意点与趣味性,让产品从众多的电商中脱颖而出。

这是夏日防晒产品的宣传海报设计。采用满版型的构图方式将产品直接展现在消费者眼前,使其一目了然。

以夏日海滩景象作为背景,将产品凸显出来,同时给人以在海边度假的身临其境之感,顿时让心情得到极大的放松。

放大的产品以竖立的方式进行呈现,而且在旁边缩小椰树、躺椅等物品的陪衬下,给人一种产品可以为我们提供一个很好的保护屏障,具有很强的创意性与趣味性。

这是一个电商产品促销倒计时的详情页设计。将沙漏作为展示主图,以直观的形式提示消费者促销时间的短暂。相比于单纯的文字来说,更具有创意性与宣传效果。

旁边将促销时间以较大字号进行呈现,而且将字母"O"替换为钟表形状,将信息进行了直观的传达。

整体渐变的玫瑰金背景与适当光照效果的运用,凸显出产品的精致高雅与店铺不乏时尚的文化经营理念。

### 配色方案

| 双色配色 | 三色配色 | 四色配色 |
|---|---|---|
| 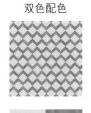 |  |  |

### 满版型版式设计赏析

# 4.6 曲线型

曲线型构图就是在版式设计中通过对线条、色彩、形体、方向等视觉元素的变形与设计，使人的视线跟随流动的曲线移动，给人以一定的节奏韵律感，具有延展、变化的特点。曲线型版式设计具有流动、活跃、顺畅、轻快的视觉特征，通常遵循美的原理法则且具有一定的秩序性，给人以雅致、流畅的视觉感受。

特点：

◆ 版面多数以图片与文字相结合，具有较强的呼吸性；

◆ 曲线的视觉流程可以增强版面的韵律感，进而使画面产生优美、雅致的美感；

◆ 曲线与弧形相结合可使画面更富有活力。

## ◎4.6.1 具有情感共鸣的曲线型电商美工设计

由于曲线畅快、随性的特征，使用该类型进行电商美工设计时，一般给人以比较雅致、流畅的视觉体验。由于产品的颜色本身就具有相应的情感，因此在适当曲线的衬托下会与消费者产生一定的情感共鸣。

**设计理念：** 这是一款护肤品的详情页设计。采用曲线型的构图方式，以产品的内部质地作为背景展示主图，在柔和的曲线过渡中给人以清晰、直观的视觉印象。

**色彩点评：** 以淡黄色产品质地作为主色调，给人一种使用产品可以让皮肤变得水润光滑的视觉感受。而且在小面积橙色的运用

下，凸显出产品的柔和亲肤与精致高雅。

🔴 作为背景的产品内部效果，好像从右侧产品中自然涌出一样，具有很强的视觉动感，而且整体颜色色调相一致，让整个版面整齐统一。

🔵 主次分明的文字，对产品进行了相应的解释与说明，同时也丰富了整体的细节设计效果。

- RGB=239,230,202 CMYK=9,10,24,0
- RGB=200,119,45 CMYK=27,62,89,0
- RGB=178,138,98 CMYK=38,50,64,0
- RGB=7,9,6 CMYK=90,85,87,76
- RGB=255,255,255 CMYK=0,0,0,0

这是一款手机的宣传 Banner 设计。以层层叠加的曲线作为背景，在各种亮丽颜色的过渡中，凸显出产品的高科技与智能化。而且具有很强的视觉冲击力，使人印象深刻。以倾斜方式摆放在画面右侧的手机，与曲线背景形成一定的稳定性。左侧白色的主标题文字，适当缓和了画面因颜色亮丽而造成的视觉疲劳，同时对产品具有很好的说明和宣传作用。

- RGB=84,93,169 CMYK=76,67,7,0
- RGB=219,73,63 CMYK=17,84,73,0
- RGB=138,82,151 CMYK=57,77,13,0
- RGB=81,149,144 CMYK=71,31,46,0
- RGB=255,255,255 CMYK=0,0,0,0

这是一家蛋糕店的首页主图设计。将产品放在版面右侧作为画面视觉重心进行呈现，具有较强的视觉吸引力。整个页面采用浓粉色、火鹤红与白色等色彩进行搭配，给人一种浪漫、甜蜜、活泼的视觉感受，烘托了网页主题。

- RGB=254,139,139 CMYK=0,59,34,0
- RGB=252,172,169 CMYK=0,44,25,0
- RGB=251,202,198 CMYK=1,30,17,0
- RGB=255,255,255 CMYK=0,0,0,0

## ◎ 4.6.2 曲线型版式的设计技巧——营造立体空间感

在使用曲线型构图方式进行设计时，一定要注意立体空间感的营造。因为曲线图形之间的相互交叉或叠加，一般给人以平面的感觉。但在现今飞速发展的社会，人们更加追求立体效果。这样不仅有利于产品的展示，同时也会给消费者带来一定的视觉冲击力，刺激其进行购买的欲望。

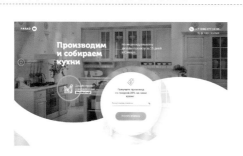

这是一个装修网站的首页设计。将厨房装修图作为背景进行呈现，波浪线的使用增强了画面的律动感，使整个页面更显鲜活。白色圆环中采用低明度的设计方式，展现出建筑外墙的局部图像，形成相呼应的装修风格，为消费者带来直白、清晰的效果，吸引消费者产生兴趣。

这是一个珠宝网站页面设计。画面中起伏波动的线条将展示面立体化，给人带来流动、轻盈、飘逸的视觉效果。银白色的戒指与多彩的钻石在低明度背景的衬托下极为璀璨夺目，具有较强的视觉吸引力。整个页面以宝石蓝色作为主色，打造出一种高端、奢华的风格。

## 配色方案

双色配色

三色配色

四色配色

## 曲线型版式设计赏析

# 4.7 倾斜型

倾斜型构图即将版面中的主体形象或图像、文字等视觉元素按照斜向的视觉流程进行编排设计，使版面产生强烈的动感和不安定感，是一种非常个性的构图方式。

在运用倾斜型构图时，版面要严格按照主题内容来掌控版面元素倾斜程度与重心，进而使版面整体既理性又不失动感。

特点：

- 将版面主体图形按照斜向的视觉流程进行编排，画面动感十足；
- 版面倾斜不稳定，却具有较为强烈的节奏感，能给人留下深刻的视觉印象；
- 倾斜文字与人物相结合，具有时尚感。

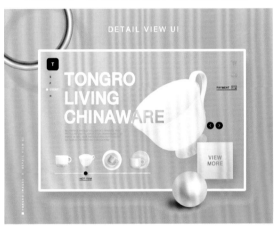

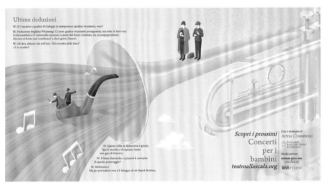

## ⊙ 4.7.1 动感活跃的倾斜型电商美工设计

正常来说，倾斜型的构图方式本身就具有较强的不稳定性，容易给人以劲爽、霸气同时又充满活跃动感的视觉体验。所以在进行设计时，要将其这一特性凸显出来，使画面一目了然，进而让消费者对其产生兴趣，增强产品宣传力度的同时激发消费者的购买力。

设计理念：这是一款马卡龙的 Banner 设计展示效果。将产品以倾斜的方式横穿整个版面，并且在少量掉落的饼干碎屑的衬托下，给消费者以很强的视觉动感，使其印象深刻。

色彩点评：整体以青色为主色调，一方面将产品很好地凸显出来；另一方面与产品本身颜色形成对比，给人营造一种轻松、活跃的视觉氛围。

🌀 以不同角度呈现并适当放大的产品，将细节效果直接传达给广大消费者，而且在投影的烘托下，让整个画面具有很强的空间立体感。

🌀 在画面最前方的白色手写文字与产品的动感效果相呼应，具有很好的宣传作用。

RGB=105,182,185 CMYK=61,14,31,0

RGB=255,255,255 CMYK=0,0,0,0

RGB=230,211,201 CMYK=12,20,19,0

RGB=236,180,86 CMYK=11,36,71,0

RGB=231,76,78 CMYK=10,83,62,0

RGB=118,176,113 CMYK=59,17,67,0

这是一款化妆品的详情页设计展示效果。将产品以倾斜的方式摆放在画面右侧，而且在水花四溅的背景的衬托下，给人以极强的视觉活跃感。同时也让消费者有一种使用该产品后可以让皮肤变得更加水润的感受。左侧主次分明的文字对产品进行了说明。同时文字之间的留白，营造了很好的阅读空间。

这是一家美食线上教学的网站首页设计。整体采用满版型的构图方式，并将厨房用具、食材等物倾斜摆放，形成具有较强动感与视觉冲击力的画面。黑灰色与棕黄色的使用使整个页面色彩明度较低，给人以严谨、权威的感觉。

RGB=214,235,242 CMYK=20,3,6,0

RGB=128,186,204 CMYK=54,16,20,0

RGB=64,114,143 CMYK=79,53,36,0

RGB=39,56,59 CMYK=85,72,69,40

■ RGB=92,92,92 CMYK=71,62,60,12

■ RGB=10,10,10 CMYK=89,84,85,75

■ RGB=159,102,54 CMYK=45,66,88,5

■ RGB=107,132,60 CMYK=66,42,93,2

## ◎4.7.2　倾斜型版式的设计技巧——注重版面的简洁性

简洁即版面简明扼要、目的明确，且没有多余内容。在某种特殊情况下，简洁与简单较为相似，但简洁不等于简单。从设计审美视角来讲，该版面的隐性信息多于显性信息，可以给人更多的遐想空间，总能给人神秘、醒目、优雅的视觉印象。

这是一款手机的详情页设计展示。此设计将产品以不同角度倾斜的方式摆放在画面右侧，既给消费者以清晰、直观的视觉印象，而且让画面整体处于一个稳定的状态。

紫色到蓝色渐变过渡的背景，既与手机本色相呼应，同时给人以很强的科技与智能并存的视觉体验。整个版面设计简洁、整齐，给消费者营造了一个很好的阅读空间。

左侧简单的文字，对产品进行了相应的解释与说明，具有很好的宣传与推广作用。

这是一款蜂蜜的详情页设计展示。画面右侧倾斜摆放的产品，在流动蜂蜜的衬托下，具有很强的视觉动感与满满的食欲诱惑力。

同色系的拼接背景，在不同纯度的对比中，将产品很好地凸显出来，同时也让消费者的视觉得到一定的缓冲。

经过特殊设计的白色缩写字母，选择与产品相同的倾斜角度，呈现整体统一的效果，而其他文字具有解释说明与宣传产品的作用。

### 配色方案

双色配色　　　　　三色配色　　　　　四色配色

### 倾斜型版式设计赏析

## 4.8 放射型

　　放射型构图即按照一定的规律，将版面中的大部分视觉元素从某点向外散射，进而营造出较强的空间感与视觉冲击力。

　　放射型构图有着由外而内的聚集感与由内而外的散发感，可以使版面视觉中心具有较强的突出感。

特点：

◆ 版面以散射点为重心，向外或向内散射，可使版面层次分明且主题明确，视觉重心一目了然；

◆ 散射型的版面具有很强的空间立体感；

◆ 散射点的散发可以增强版面的饱满感，给人以细节丰富的视觉感受。

放射型的构图方式，一般由一点由内向外或者由外向内进行散射。特别是由内向外的散射方式，给人以具有爆炸效果的视觉冲击力。所以在设计时可以将该特性进行着重凸显，这样不仅可以增强版面的趣味性与吸引力，同时也可以使消费者产生刺激的视觉体验。

**设计理念：** 这是一款产品的宣传海报设计展示。将产品放在画面中间位置，而在其后方将细小的金色颗粒以爆炸放射的方式做释放处理，具有极强的视觉冲击力。

**色彩点评：** 整体以深色为主色调，一方面与金色形成对比，将其清楚直观地凸显出来；另一方面凸显出店铺成熟、稳重却不失时尚的经营理念。

❶金色的产品给人以奢华精致的视觉感受，而且在适当光照的衬托下，让正宗氛围又浓了几分。特别是后方的放射型金色背景具有强烈的爆发力。

❷主次分明的文字，既对产品进行了相应的解释与说明，同时又丰富了整体的细节设计感。

- RGB=9,5,9 CMYK=90,87,84,76
- RGB=241,210,155 CMYK=8,22,43,0
- RGB=169,129,81 CMYK=42,53,73,0
- RGB=113,62,39 CMYK=55,78,91,29
- RGB=255,255,255 CMYK=0,0,0,0

这是一款护肤品的详情页设计展示效果。将产品摆放在画面中间位置，而且滴管中将落未落的产品，给人以很强的视觉动感。产品后方放射出来的红色针状物，给人一种强烈的爆炸感和皮肤穿透力，凸显出产品优秀的吸收效果。小面积绿色叶子的装饰，给人以产品绿色健康的感受。

- RGB=199,56,137 CMYK=29,88,15,0
- RGB=255,255,255 CMYK=0,0,0,0
- RGB=34,73,53 CMYK=86,60,84,35
- RGB=139,36,54 CMYK=49,97,77,18

这是一个店铺文字宣传的详情页设计展示效果。将宣传文字以适当倾斜的方式摆放在画面中间位置，而且在红色底色的衬托下十分醒目，具有很好的宣传效果。将大小不一的几何图形以放射的方式摆放在文字周围，给人以很强的视觉爆炸感，而且具有相同效果的背景使这种氛围又浓了几分。

- RGB=1,139,150 CMYK=82,34,42,0
- RGB=248,196,66 CMYK=7,29,78,0
- RGB=255,255,255 CMYK=0,0,0,0
- RGB=232,10,57 CMYK=9,98,73,0

## ◎4.8.2　放射型版式的设计技巧——凸显产品特性

放射型的构图方式，除了给消费者带来强烈的视觉冲击力之外，还可以借助相应的放射物件，来间接凸显产品的特性与功能。但是在设计时，不能为了博人眼球而选择一些过于夸张的装饰品。这样不仅达不到预期效果，反而会给人留下浮夸、格调低下的印象。

这是一款护肤品的详情页设计展示。将产品放在画面中间位置十分醒目，而且在水花四溅背景的衬托下，凸显出产品强大的补水功能。

蓝色系的主色调，一方面与产品本色相呼应，具有统一和谐的视觉体验；另一方面给人以亲肤、清爽的视觉感受。

主次分明的文字，对产品进行了相应的解释与说明，同时也丰富了整体的细节效果。

这是一款化妆品的详情页设计展示。将产品放置在画面中间，既展现了其原貌，同时使消费者对其内部质地形成直观的视觉印象。

产品后方飘散的放射状背景，凸显出产品具有持久留香的特性，而且在粉色背景的衬托下，给人以精致、优雅的感受，与广大女性消费者的心理相吻合。

简单的文字对产品进行说明，同时让整个版面具有很强的细节设计感。

### 配色方案

双色配色　　　　　　　三色配色　　　　　　　四色配色

### 放射型版式设计赏析

# 4.9 三角形

三角形构图即将主要视觉元素放置在版面中某三个重要位置，使其在视觉特征上形成三角形。在所有图形中，三角形是极具稳定性的图形。而三角形构图还可分为正三角形、倒三角形和斜三角形三种构图方式，且三种构图方式有着截然不同的视觉特征。正三角形构图可使版面稳定感、安全感十足；而倒三角形与斜三角形则可使版面产生不稳定因素，给人以充满动感的视觉感受。为避免版面过于严谨，设计师通常较为青睐于斜三角形的构图方式。

特点：

◆ 版面中的重要视觉元素形成的三角形，有着均衡、平稳却不失灵活的视觉特征；

◆ 正三角形构图具有超强的安全感；

◆ 版面构图方式时尚、活跃、独具一格，备受设计师青睐。

## ◎ 4.9.1 极具稳定趣味的三角形电商美工设计

三角形的构图方式，本身就具有很强的稳定性，但却存在着容易使版面呈现枯燥乏味的视觉感受。所以在设计时，可以将三角形进行适当的倾斜旋转，或者运用一些具有趣味性的装饰物件来吸引消费者的注意力，进而激发其购买的欲望。

设计理念：这是一家杂货店的宣传海报设计。将不同的果蔬食材图形放置在购物车中，通过丰富的色彩增强了画面的视觉冲击力，给人留下深刻印象。

色彩点评：以黑色作为背景色，色彩明度较低，可以将各种图形与文字清晰凸显。

1 画面中央的图案位于整个版面正中位置，具有较强的视觉吸引力，可以清晰地表现出作品意图。

2 简约的图形将不同的元素生动地展现出来，以此说明了杂货店的产品种类繁多，进而吸引消费者购买。

- RGB=0,0,0 CMYK=93,88,89,80
- RGB=255,255,255 CMYK=0,0,0,0
- RGB=233,56,67 CMYK=9,89,68,0
- RGB=236,214,44 CMYK=15,16,85,0
- RGB=124,185,67 CMYK=58,10,88,0
- RGB=44,160,210 CMYK=74,26,12,0

这是一个家用工具的宣传海报设计。将两个产品以对称的方式摆放在一起，构成一个稳定的三角形画面。同时又好像人在跳舞一样，具有很强的视觉动感与趣味性。以不同纯度的玫瑰红色作为背景主色调，在渐变过渡中营造了空间立体感。左侧主次分明的文字具有解释说明作用。

- RGB=243,159,195 CMYK=5,50,4,0
- RGB=230,89,140 CMYK=12,78,21,0
- RGB=153,41,82 CMYK=48,96,57,5
- RGB=56,32,41 CMYK=74,86,71,54
- RGB=237,202,63 CMYK=13,23,80,0
- RGB=39,105,172 CMYK=84,58,13,0

这是一款护肤品的详情页设计展示。将产品放置在三角立体图形的一个棱上，具有很强的视觉冲击力。在稳定与动态的对比中，为画面增添了较强的趣味性。同时也凸显出产品即使在不稳定的状态下，也能有强大的效果。右侧左对齐的文字，让整个版式既整齐又统一。

- RGB=65,176,218 CMYK=68,17,12,0
- RGB=48,56,109 CMYK=92,90,40,5
- RGB=255,255,255 CMYK=0,0,0,0
- RGB=66,140,197 CMYK=74,39,11,0
- RGB=204,197,103 CMYK=27,20,68,0

　　色调即版面整体的色彩倾向，不同的色彩有着不同的视觉语言和色彩性格。在版面中利用对比色将主体物清晰明了地凸显出来，这样既可以让消费者对产品以及文字有直观的视觉印象，同时也大大提升了产品的促销效果。

| | |
|---|---|
| 　　这是一款灯具的宣传 Banner 设计展示效果图。<br><br>　　青色渐变的背景与产品形成对比，将产口直接凸显出来，十分醒目，使消费者一目了然。<br><br>　　由于整体版式设计比较简单，将三角形外观的吊灯直接设计在画面右侧，再加上适当的放大处理，甚至可以让消费者直接感受到灯罩的材质及其所能达到的效果。<br><br>　　左侧简单的白色文字，既对产品进行了解释与说明，同时也丰富了整体的细节设计效果。 | 　　这是一款产品的 Banner 设计展示。在画面中间位置以倒置的三角形作为文字集中呈现的小背景。<br><br>　　三角形的红色与背景的青色形成鲜明的颜色对比，一方面将版面内容直接明了地凸显出来；另一方面让消费者的视觉得到一定程度的缓冲。<br><br>　　左右两侧图案的装饰，既为画面增添了亮丽的色彩，同时也让画面效果不至于空洞乏味。 |

**配色方案**

| 双色配色 | 三色配色 | 四色配色 |
|---|---|---|
|  |  |  |

**三角形版式设计赏析**

# 4.10 自由型

　　自由型构图是没有任何限制的版式设计，即在版面构图中不需要遵循任何规律对版面中的视觉元素进行宏观把控。准确地把握整体协调性，可以使版面产生活泼、轻快、多变的视觉特点。自由型构图具有较强的多变性，且具有不拘一格的特点，是最能够展现创意的构图方式之一。

　　特点：

- ◆ 自由、随性的编排设计，具有轻快、随和的特点；
- ◆ 图形、文字的创意编排与设计，使版面别具一格；
- ◆ 灵活掌控版面协调性，可使版面更为生动、活泼。

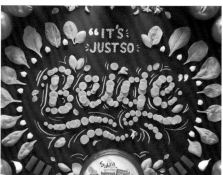

## ◎ 4.10.1　活泼时尚的自由型电商美工设计

　　自由型的构图方式比较随意，没有其他类型那么多的限制，但这并不是说在设计时可以随意进行，不讲究任何策略与方法。由于其自由的特性，我们在设计时可以适当提高画面的活泼程度。这样既可以让整体版面具有较强的吸引力，同时也可以激发消费者的购买欲望。

**设计理念**：这是一款防晒产品的详情页设计展示。将产品以倾斜的方式摆放在画面中，而且在其他相关内容的衬托下，凸显出产品的特性与浓浓的度假氛围。

**色彩点评**：整体以黄色和蓝色为主色调，在鲜明的对比中将产品很好地凸显出来，同时给人以清新、活泼的视觉感受与假期的闲适和浪漫。

❶产品下方的条纹背景，给人一种即使进行日光浴，也有产品进行保护的轻松愉悦心情。其他简笔画图案的装饰，让整体画面具有较强的趣味性。

❷画面上方简单的文字，对产品进行了相应的解释与说明，同时增强了整体的细节设计感。

RGB=241,218,125 CMYK=11,16,58,0

RGB=37,133,181 CMYK=80,41,20,0

RGB=207,49,100 CMYK=24,92,43,0

RGB=255,255,255 CMYK=0,0,0,0

这是一款沙发的详情页设计展示。将产品清晰直观地摆放在画面下方位置，同时在底部投影的衬托下，营造了很强的空间立体感。紫色的背景与绿色的沙发在颜色对比中，既将产品直接展现出来，给人以活泼、时尚之感，同时凸显出产品的精致与高雅。产品后方的白色文字，对产品有很好的宣传作用。

RGB=100,102,175 CMYK=71,63,6,0

RGB=255,255,255 CMYK=0,0,0,0

RGB=56,156,71 CMYK=76,21,92,0

这是一款蔬菜的详情页设计展示。将产品以餐厅服务生上菜的方式进行呈现，从侧面凸显出产品的健康、安全与洁净，主标题文字以大号字体进行呈现，可以达到很好的宣传效果，而其他文字则具有补充说明与丰富画面细节的作用。

RGB=110,201,194 CMYK=58,2,32,0

RGB=255,255,255 CMYK=0,0,0,0

RGB=109,146,65 CMYK=65,36,91,0

RGB=27,25,22 CMYK=83,80,82,67

## ⊙4.10.2　自由型版面的设计技巧——运用色调营造主题氛围

　　色调即版面整体的色彩倾向，不同的色彩有着不同的视觉语言和色彩性格。利用色彩的主观性来决定版面的色彩属性，主题对色调起着主导性作用，因此要根据主题情感决定版面的主体色调与整体色调。

　　这是一款护肤品的详情页设计展示。以不同纯度的绿作为背景主色调，在渐变过渡中将产品直接凸显出来，而且也凸显出产品亲肤柔和的特性与店铺注重环保的经营理念。

　　产品以不同的高度进行展示，给消费者以直观清楚的视觉印象，而且淡色的包装在深色的背景下十分醒目。

　　最下方的白色文字，既对产品进行相应的说明，同时也提高了画面的亮度。

　　这是一个店铺相关产品的详情页设计展示。将产品以直立的方式在画面中间位置呈现，给消费者清晰、直观的视觉印象。

　　深色的背景将产品直接呈现，而且给人以稳重、时尚的视觉感受。产品在适当光照的作用下，凸显出其具有的精致、优雅特征。

　　画面上方主次分明的文字对产品进行解释与说明。将购买文字以橙色矩形作为背景，既将信息进行十分醒目的传达，同时也为画面增添了一抹亮丽的色彩。

### 配色方案

双色配色　　　　　　三色配色　　　　　　四色配色

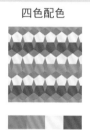

### 自由型版式设计赏析

# 第5章 电商美工设计的行业分类

电商美工设计的行业分类有很多种，大致可以分为服饰类、鞋靴类、箱包类、家电数码类、美妆类、美食类、母婴玩具类、生鲜类、家居类、奢侈品类、虚拟产品类、汽车类等。

◆ 服饰类电商美工设计重在展现产品的外观形象、实用性与时尚美感。

◆ 鞋靴类电商美工设计会根据不同的性别、季节、用途等来选择相匹配的色彩与配饰。如夏季用凉爽的色彩，男性多用深色来凸显成熟与稳重等。

◆ 箱包类电商美工设计多以展现使用者的气质、文化内涵、对时尚的追求等来设计。

◆ 家电数码类电商美工设计要突出产品的科技感与耐用性。一般采用较为沉重的色块或者金属色，以示其坚实、神奇和精密的感觉。

◆ 美妆类电商美工设计要突出安全与美丽，一般多用中性的、柔和的粉红、粉绿、淡紫等色彩。

◆ 美食类电商美工设计要突出产品的安全与营养，一般采用食物的固有色来表现。如橙汁为橘黄色、葡萄为葡萄紫或绿色、玉米为黄色等。

◆ 母婴玩具类电商美工设计注重安全与健康，一般采用较为柔和的色彩。

◆ 生鲜类电商美工设计特别注重产品的新鲜程度与安全。因此一般以食物原本的面貌来呈现，不掺杂任何其他装饰与色彩。

◆ 家居类电商美工设计要重点凸显家的温馨与柔和，同时还要兼顾产品的实用性。

◆ 奢侈品类电商美工设计主要给人高端、奢华的视觉体验。

◆ 虚拟产品类电商美工设计要根据产品的类型来进行，一般重在引导消费者进行消费。

◆ 汽车类电商美工设计注重车的整体外观与安全，以及带给消费者的视觉冲击力。

# 5.1 服饰类电商美工设计

如今服饰类的电商美工设计种类有很多，所以想要让产品在众多设计中脱颖而出，就必须最大限度地展现产品特性。根据店铺自身特点进行量身定做，用更夸张、更创意、更意想不到的手法来展现。

在现在这个迅速发展的大时代下，每天都有各种各样的品牌充斥在我们的生活中。而要想一个服饰类电商美工设计从众多设计中脱颖而出，就要看该店铺的视觉设计是否新颖、是否紧跟潮流、是否让消费者看后印象深刻、是否有良好的质量，等等。

特点：

- ◆ 具有较强的文化特色；
- ◆ 可以展现出独特的店铺风格；
- ◆ 具有丰富的创造力；
- ◆ 多样的形式设计；
- ◆ 具有较高的辨识度；
- ◆ 产品有足够的细节展示。

# ⊙ 5.1.1　活泼清新风格的服饰类电商美工设计

活泼清新风格就是让店铺的装修展示效果呈现出清新与脱俗之感，同时又使整体设计在清新之中又不失时尚与高雅，具有让人意想不到的独特美感。这种风格具有一定的兴奋度，富有活力，同时也能让人产生幸福的感觉。

设计理念：采用骨骼型的构图方式，将模特实景拍摄效果作为展示主图，给消费者以清晰、直观的视觉感受，再配合适当的投影，给画面营造了很强的空间立体感。

色彩点评：

🔵① 整个设计以浅橘色为主色调，表现出店铺的清新与时尚。同时在小面积白色的对比中，将模特很好地凸显出来。

🔵② 画面中模特的独特造型姿势，使整个画面动感十足。同时在浅色服饰的衬托下尽显活泼与清新之感，让人眼前一亮，印象深刻。

🔵③ 左下角大号字体的深色文字，对品牌具有很好的宣传与推广作用。而其他文字对产品进行相应的解释与说明，同时也丰富了整个版面的细节效果。

RGB=225,204,198 CMYK=14,25,20,0
RGB=255,255,255 CMYK=0,0,0,0
RGB=180,129,120 CMYK=36,56,48,0

这是一个服装店铺产品的详情页设计。以紫色为主色调，与服饰的灰色形成对比，将其很好地凸显出来。模特后方的几何图形与其他的装饰性小图案打破了画面的单调与乏味，给人以趣味性与活泼的动感。最前方的白色文字，具有很好的宣传效果，同时提高了画面的亮度。

RGB=217,185,213 CMYK=18,33,4,0
RGB=207,204,212 CMYK=22,19,13,0
RGB=255,255,255 CMYK=0,0,0,0
RGB=244,151,93 CMYK=5,52,64,0
RGB=214,144,190 CMYK=20,53,4,0
RGB=67,31,35 CMYK=67,87,77,54

这是一个袜子店铺产品的宣传详情页设计。采用浅蓝色和浅粉色作为背景主色调，将整个版面一分为二，在对比之中给人以清新的活泼感。看似随意摆放的产品，却给人以别样的美感，而且镂空文字的运用，极具宣传与推广效果。

RGB=169,195,228 CMYK=39,19,4,0
RGB=238,206,203 CMYK=8,25,16,0
RGB=255,255,255 CMYK=0,0,0,0
RGB=114,203,210 CMYK=56,3,23,0

## ◉ 5.1.2 服饰类电商美工的设计技巧——注重整体画面的协调统一

　　服饰类电商美工进行设计，要利用画面整体的配色，给消费者传达信息。只有画面整体配色和谐、比例适当才会增加消费者的视觉舒适度，进而提高消费者对其购买的欲望。

　　这是一款女性服饰的详情页展示设计。采用骨骼型的构图方式，将模特身着服饰的效果展现在观者面前，不同的文字通过规整的排列形式将信息清晰传递。而且整个设计采用淡黄色与棕黄色两种暖色调进行搭配，使整个页面色调统一、和谐。

　　这是一款服饰的展示页面设计。将模特作为主体展现在观者面前，使人直观了解穿着效果，给人以直观、一目了然的感觉。灰蓝色与褐色作为背景色，低明度的搭配打造出复古风格，整体页面色彩明度适中，给人一种舒适、朴实、自然的视觉印象。

### 配色方案

| 双色配色 | 三色配色 | 四色配色 |
|---|---|---|

### 服饰类电商美工设计赏析

An afternoon colored with flowers —

# 5.2 鞋靴类电商美工设计

　　鞋子是不可或缺的日用品，我们买鞋子时往往要精挑细选。一款好的鞋子，如果没有一个高颜值的展示，也不会有好的销售量。所以，在现在这个注重营销方法的时代，店铺的装修设计也是至关重要的。

　　鞋靴类的电商美工设计可以分为很多种类。例如，适合运动健身穿的运动鞋，适合户外登山、野营的登山鞋，彰显身份的高规格皮鞋，居家穿的拖鞋等。

　　特点：

- ◆ 不同种类的鞋子有不同的风格；
- ◆ 以展示产品为主，给人以直观的视觉体验；
- ◆ 品牌特色浓重，最大限度地凸显特色；
- ◆ 注重产品细节的展示。

## ◉ 5.2.1　优雅精致的鞋靴类电商美工设计

在整个鞋靴类的电商美工设计中，优雅精致类的风格居多。随着我国经济水平的提高，人们除了对穿着要求舒适度之外，更加注重整体的视觉效果。一款优雅精致的鞋子不仅让人舒心，彰显其品位，同时更为观者带去美的享受。

**设计理念：**这是一个女士鞋子店铺产品的宣传广告设计。采用满版型的构图方式将产品直接展现在消费者面前，而且在适当投影的衬托下，给人以很强的空间立体感。

**色彩点评：**将纯度较低的浅灰色作为背景主色调，一方面将产品凸显出来；另一方面给人以女性优雅与精致的时尚感。

🌸 将鞋子以不同的角度进行摆放，可以让消费者对产品细节有清楚的视觉印象。右上角和左下角的包包，给人提供了搭配的样式与灵感。

🌸 鞋子上方的白色文字，以较大的字号对产品进行宣传，而其他文字则进行了相应的解释与说明，让整个版面的细节效果更加丰富。

RGB=218,208,202 CMYK=17,19,19,0
RGB=255,255,255 CMYK=0,0,0,0
RGB=203,198,196 CMYK=24,21,20,0
RGB=121,53,38 CMYK=52,86,91,27

这是一款鞋子的详情页设计。采用上下分割的构图方式，将鞋子借助展示架给消费者以直观的视觉印象。同时在浅色背景的衬托下，凸显店铺注重消费者精致与优雅的经营理念。上方采用并置型构图方式的文字将信息直接统一地传达出来。

RGB=249,249,245 CMYK=3,2,5,0
RGB=222,162,129 CMYK=16,44,48,0
RGB=167,129,110 CMYK=42,53,56,0
RGB=98,94,96 CMYK=69,63,58,9

这是一款鞋子的产品详情页设计。采用模特穿着作为展示主图，给人以清晰、直观的视觉印象。在与白色裤子的对比中，将其很好地凸显出来。浅灰色背景的运用，尽显鞋子的精致与时尚。

RGB=214,214,210 CMYK=19,14,16,0
RGB=149,156,160 CMYK=48,36,33,0
RGB=255,255,255 CMYK=0,0,0,0
RGB=28,11,40 CMYK=91,100,66,57

## ⊙5.2.2 鞋靴类的电商美工设计技巧——展现产品原貌

随着社会经济的迅速发展，人们的生活水平也在逐步提升。人们在选择鞋子时，会更加注重鞋子整体的设计格调、细节状态、搭配局限，甚至小的装饰物件等。所以，如果要在众多鞋子店铺中脱颖而出，设计上就尽可能地简洁大方，展现产品的本来面貌。

这是一款女士高跟鞋的产品详情页设计。采用产品在中间上下两端为文字的构图方式，将产品和文字清楚地展现出来。

同一款式不同颜色的鞋子，以倾斜的角度进行摆放，给人营造一种成熟女性优雅与精致的视觉氛围。

上下两端主次分明的文字，既丰富了细节效果，同时也起到很好的宣传与推广作用。

这是一款男士鞋子的宣传详情页设计。将放大的鞋子借助呈现载体以倾斜的角度摆放，将鞋子原貌清晰、直观地呈现在消费者面前。

左侧白色的主标题文字采用带衬线的字体，凸显穿着者的成熟与稳重。其他文字对产品进行了一定的说明，同时丰富了整体的细节设计效果。

### 配色方案

| 双色配色 | 三色配色 | 四色配色 |
| --- | --- | --- |

### 鞋靴类电商美工设计赏析

## 5.3 箱包类电商美工设计

现今社会时尚潮流更新换代的速度不断加快，各种各样的包包电商充斥在我们的生活中。消费者在进行选购时不仅会感到眼花缭乱，时间长了还很容易产生视觉疲劳。

具有独特个性与特征的店铺不仅会让自己在众多店铺中脱颖而出，同时也会给消费者疲苦的视觉一个缓解的机会。这样就大大增加了店铺的曝光率。

无论是手提包、双肩包、斜挎包还是其他类型的包包，在进行店铺美工设计时，不能单纯地以展示包包的整体效果为基准，而是要尽可能地将其与其他服饰进行搭配。这样一方面可以让消费者对包包的整体概况与搭配样式有一个大致的了解，另一方面还可以增加消费者对店铺的好感度与信赖感。

特点：

- ◆ 风格多样，极具个性特征；
- ◆ 以女性为主要消费对象，展现女性的人格魅力；
- ◆ 注重细节效果的展示；
- ◆ 借助模特给消费者以清晰、直观的视觉印象；
- ◆ 以产品实景拍摄展示为主；
- ◆ 少量文字作为辅助，具有画龙点睛的效果。

# ◎5.3.1 高端风格的箱包类电商美工设计

高端风格的箱包类电商美工设计，就是让整个设计给人营造一种奢华精致却不失时尚的店铺氛围，给人以较强的视觉冲击力，从而激发消费者的购买欲望。

**设计理念**：这是一款包包的产品宣传广告设计。采用满版型的构图方式，将产品借助阶梯平台进行立体展示，给消费者以清晰直观的视觉感受，使其印象深刻。

**色彩点评**：整体以灰玫红色为主色调，而且不同纯度的灰玫红色营造了很强的空间立体感。同时与画面中间米色的阶梯展架形成颜色对比，将酒红色系的包包凸显出来，给人以很强的视觉冲击力。

🔘产品周围各种悬空飘动的包包装饰物件，既丰富了画面的细节效果，同时也让整体的空间感氛围又浓了几分。

🔘较大字体的白色品牌宣传文字在画面中十分醒目，具有很好的宣传与推广作用。

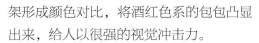
RGB=202,136,150 CMYK=26,56,30,0
RGB=163,67,85 CMYK=44,86,59,3
RGB=126,49,65 CMYK=54,90,67,20
RGB=221,215,204 CMYK=16,15,20,0
RGB=255,255,255 CMYK=0,0,0,0

这是一款女士手提包的产品详情页设计。采用中轴型的构图方式将产品直观地进行展现。将不同造型的模特展示图像放在不同颜色拼接式的背景中，给人以较强的视觉冲击力。模特的整体穿搭与手提包的选择，给消费者提供了可以参考的模板，凸显店铺服务的贴心与真挚。

RGB=159,181,200 CMYK=43,24,17,0
RGB=155,194,165 CMYK=45,13,41,0
RGB=186,101,121 CMYK=34,71,40,0
RGB=247,202,190 CMYK=3,28,22,0
RGB=33,37,68 CMYK=94,93,56,34

这是一款女士包包的产品详情页设计。将产品一前一后地摆放在画面中间作为展示主图十分醒目。几何图形构成的背景，在颜色的弱对比中尽显产品的优雅与精致。顶部两端的文字，在黑白对比中既对品牌进行宣传与推广，同时也对产品进行了一定的解释与说明。

RGB=225,219,213 CMYK=14,14,16,0
RGB=55,58,71 CMYK=82,76,64,31
RGB=249,180,153 CMYK=2,40,37,0
RGB=156,170,200 CMYK=45,30,13,0

## ◎5.3.2 箱包类电商美工设计技巧——尽可能展现产品的实际大小

箱包类电商美工设计在高端大气的基础之上，就是要力求展现产品的实际大小。由于拍摄时镜头的远近会导致产品出现大小的偏差，所以，在对相应电商产品进行美工设计时，要尽可能展现产品的实际尺寸。一个集奢华与精致于一体的包包，如果脱离了其实用性，那么消费者也就没有为其埋单的必要了。

这是一款包包的产品展示详情页设计效果。采用图文分离的水平型构图方式，将产品清晰直观地展现在消费者面前。

以水波纹样式的图案作为背景，给人以凉爽的视觉体验。左侧颜色亮丽的手提包，既与整体的季节情感相呼应，而且让消费者对其大小、样式等有一个直观的认识。

右侧简单的手写字体，既给单调的画面增添了趣味性，同时又丰富了整体的细节设计感。对品牌具有一定的宣传与推广作用。

这是一款挎包的详情展示页设计。采用相对对称的构图方式将文字与产品居中放置在版面中央，形成醒目、清晰、直观的视觉吸引力。同时利用手机与挎包尺寸的对比，以及文字的说明简明扼要地展现出挎包的具体大小。

### 配色方案

| 双色配色 | 三色配色 | 四色配色 |
| --- | --- | --- |

### 箱包类电商美工设计赏析

# 5.4 家电数码类电商美工设计

随着社会的不断发展进步，人们生活水平的提高，各种各样便捷的家电数码产品进入我们的日常生活，而且成为像服饰、食物一样必不可少的东西。一件好的家电不仅能给消费者带去良好的使用体验，同时也可以提高整个生活档次。

因此，在对家电数码类电商美工进行设计时，除了要展现产品的本来样貌、功能、特性等基本信息之外，还要尽可能地营造一种家的温馨感，这样更能激发其购买的欲望。

特点：

◆ 具有较强的品牌特色；

◆ 可以营造家的温馨感；

◆ 具有很强的视觉感；

◆ 色彩运用上多采用沉重的色块与金属色；

◆ 凸显实用性与科技感。

## ⊚5.4.1 极具科技感的家电数码类电商美工设计

家电数码类产品本身就具有很强的科技感，特别是随着科学技术的不断发展，这种感觉更加浓厚了。此外，人们对科技也十分信赖，科技感越强的产品，给人们带来的便利也就越多。所以在设计时要将其完美地呈现。

**设计理念**：这是一款耳机的详情页设计。采用左右分割的构图方式，使两侧画面形成相对称的布局方式，将产品放置在版面正中间，使产品与信息一目了然。

**色彩点评**：整个画面以亮灰色与黑色作为背景色进行搭配，通过两种明度对比较为强烈的色彩的搭配，形成炫酷、个性、

时尚的风格。同时耳机呈现出淡灰色、黑灰色等不同的色彩，展现出独特的材质光泽与质感，增强其科技感。

🔸 左右两侧的产品和文字的色彩与其背景形成截然相反的色彩构成，形成一种绝对对称的美感。

🔹 简单的色彩搭配形成最为直观的视觉冲击力，同时给人留下简单、直白的视觉印象。

RGB=235,235,235 CMYK=9,7,7,0
RGB=28,28,28 CMYK=84,80,78,64
RGB=71,71,71 CMYK=75,69,66,28
RGB=255,255,255 CMYK=0,0,0,0

这是一款无线插座的购买网站的首页设计。采用左右分割的构图方式，将产品和文字清晰直观地展现在消费者面前。特别是右侧产品在适当光线投影的衬托下，极具科技的高质感。左侧的主标题文字以大号字体对产品的安全做出承诺，让消费者可以安心购买，增加了其对店铺与品牌的信任度与好感。

RGB=224,229,239 CMYK=15,9,4,0
RGB=52,50,54 CMYK=79,76,69,44
RGB=236,118,92 CMYK=8,67,59,0
RGB=203,230,209 CMYK=26,2,24,0

这是一款相机产品的详情页设计。采用左右分割的构图方式，在深灰色到亮色渐变过渡背景的衬托下，将产品和文字清晰地表现出来。同时在适当投影与灯光的烘托下，凸显出了产品的高科技与时尚质感。左侧右对齐排版的文字，则将信息清晰、准确地传达给广大消费者。

RGB=49,48,48 CMYK=79,75,72,48
RGB=134,134,137 CMYK=55,46,41,0
RGB=189,190,191 CMYK=30,23,22,0
RGB=25,50,36 CMYK=87,68,87,53

# ◎ 5.4.2 家电数码类电商美工设计技巧——凸显产品质感与耐用性

在设计家电数码类店铺时，要利用画面整体的配色将产品质感、耐用性、美观大方等信息进行直接的传达。只有画面整体配色和谐、比例适当，才会增加消费者的视觉感知度，进而刺激其消费的欲望。

这是一款立体音响的详情页设计。采用直接展示的构图方式将产品作为展示主图，给人以清晰、直观的视觉印象。

产品以倾斜的角度进行摆放，让内部构造直接展现在消费者面前，使其有一个清楚的认知。同时凸显店铺真诚的服务与产品的科技耐用性。

最上方居中摆放的文字对产品进行了解释与说明。同时也丰富了整体的细节效果。

这是一款空气炸锅的产品详情页设计。采用骨骼型的构图方式，将产品作为主体放在版面上方，并将产品的结构与所做食物的图片规整排列在页面下半部分板块，形成规整有序的布局，使观者可以清晰地了解产品外观、样式以及功能。

## 配色方案

| 双色配色 | 三色配色 | 四色配色 |
| --- | --- | --- |
|  |  |  |

## 家电数码类电商美工设计赏析

# 5.5 美妆类电商美工设计

　　化妆品作为时尚消费品除了具有使用功效以外，还能满足消费者对美的心理需求。市场上化妆品的种类有很多，设计师针对不同的化妆品，在进行相应的电商美工设计时会有不同的配色和风格。

　　美妆类电商美工设计分为很多种类。例如，既可以借助明星代言来促进化妆品销售，也可以通过人体局部有针对性地展示产品效果，还可以对化妆品本身进行精准描述来展现化妆品的独特魅力。

　　特点：

◆ 画面精致、具有独特美感；

◆ 画面色调柔美、纯净、健康；

◆ 画面中女性元素较多；

◆ 独具风格，品牌特色浓重。

## ◎5.5.1 高雅时尚风格的美妆类电商美工设计

在进行美妆类电商美工设计时，要根据产品的外形、功能等来进行相应的设计，不同的风格会给人带来不一样的感觉，而高雅时尚风格的化妆品店铺则会给人一种在使用产品后会变得越来越美的心理暗示。

设计理念：这是一款化妆品的详情页设计。采用对角线的构图方式，将产品和内部质地直接展现在消费者面前。给人以清晰直观的视觉印象，让人印象深刻。

色彩点评：整体以浅茶色为主色。不同明度与纯度的棕色调色彩作为背景形成自然的渐变过渡直接凸显出来，给人以高雅精致的时尚视觉感。

🔵 画面中间垂直摆放的产品十分引人注目。以不同形态呈现的产品内部效果，既让消费者对产品有更加清晰的了解，同时对角线的摆放方式，让整个画面处于极其稳定的动感状态。

🔵 产品上下方的文字，既对产品进行了简单的解释与说明，同时也丰富了整体的细节设计感。

RGB=118,88,51 CMYK=57,65,88,19
RGB=152,132,108 CMYK=48,49,58,0
RGB=215,208,199 CMYK=19,18,21,0
RGB=245,245,241 CMYK=5,4,6,0
RGB=224,203,180 CMYK=15,23,29,0

这是一款化妆品的详情页设计。采用左右分割的构图方式，将产品以倾斜的方式进行展现。既可以让消费者看到产品的整体概貌与内部情况，同时又营造一种视觉动感氛围。右侧以右对齐排列的文字给人以视觉统一感。特别是将重要信息以白色横线标记出来，使人一目了然。

RGB=241,211,213 CMYK=6,23,11,0
RGB=212,159,139 CMYK=21,44,42,0
RGB=255,255,255 CMYK=0,0,0,0
RGB=7,6,7 CMYK=90,86,86,77

这是一款香薰的产品详情页设计。采用满版型的构图方式，将产品清晰直观地呈现在消费者面前。整体以紫色为主色调，给人以高雅与奢华的视觉感受。产品旁边紫色花朵的摆放，既表明了产品的香味类型，同时也具有很好的装饰效果。

RGB=203,198,224 CMYK=24,23,4,0
RGB=148,116,172 CMYK=51,60,10,0
RGB=231,241,245 CMYK=12,3,4,0
RGB=134,170,209 CMYK=53,28,10,0

## ⊙ 5.5.2　美妆类电商美工设计技巧——借助相关装饰物凸显产品特性

美妆类产品与其他类产品最大的不同之处，就在于其具有相应的使用功效与针对的受众人群。所以在对该类电商美工进行设计时，一般要借助与产品属性或功能相关的装饰性物件来凸显这一特性。

这是一款护肤品的产品详情页设计。采用自由式的构图方式将产品放置在中间位置进行展现。以绿色作为背景的主色调，并将产品中包含的多种植物、中药成分环绕产品进行摆放，形成通透、轻快的画面效果，给人一种自然、清新、健康的感觉。

这是一款药妆的产品详情页设计展示效果。采用中心型的构图方式，将产品放置在画面中心，使人一目了然。

该设计以白色圆环的形式，将产品中含有的中药成分以清晰的图片直接展示出来。相比于直接的产品文字说明，该种设计更能赢得消费者对店铺以及品牌的信赖。同时再结合相应的文字，进一步增加消费者对产品了解的深度。

### 配色方案

| 双色配色 | 三色配色 | 四色配色 |
|---|---|---|

### 美妆类电商美工设计赏析

# 5.6 美食类电商美工设计

　　美食类电商是人们日常生活中最不可缺少的，因为人们每天都要与食物打交道，所以该类电商美工设计的好坏，直接影响到店铺的效益，甚至整个食物生产链都要受到影响。

　　美食类电商美工设计可以分为很多种类。例如，直接将产品包装甚至食物原材料的样貌呈现出来；或者借助相关装饰物件来凸显店铺的经营格调；还可以通过在版面中摆放相关的食物来间接表明产品的口味与种类等。

特点：

◆ 呈现效果精致，给人带来干净舒适的视觉体验；

◆ 画面色调既可以明亮多彩，也可以深沉稳重；

◆ 画面中食物元素居多；

◆ 品牌特色浓重，能带来极大的味蕾刺激感。

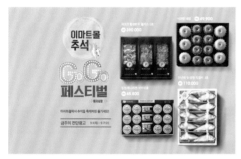

## ◉5.6.1 用色明亮的美食类电商美工设计

用色明亮的美食类电商美工设计强调用鲜艳的颜色来吸引消费者的注意力，同时最大限度地刺激其味蕾，使商品与消费者之间形成一定的互动，进而激发其购买的欲望。

设计理念：这是一款产品的详情页设计展示效果。采用图文分离的构图方式，将产品和文字直接清晰地呈现，给人以直观的视觉体验。

色彩点评：以能带给人舒适与明快感受的橙色作为背景主色，一方面将产品很好地凸显出来；另一方面给人以很强的食欲感。

🔴右侧产品按照大小顺序进行前后摆放，这样不仅可以让每种产品都能显示出来，而且呈现空间立体感。同时产品周围简笔画绿叶的装饰，也凸显出产品的绿色与健康。

🔴主标题文字以大号字体进行展示十分醒目，而其他文字则起到解释说明与丰富细节效果的作用。

RGB=240,129,101 CMYK=6,62,56,0
RGB=234,200,57 CMYK=15,24,82,0
RGB=117,196,127 CMYK=58,3,63,0
RGB=255,255,255 CMYK=0,0,0,0
RGB=207,44,42 CMYK=23,94,89,0

这是一款食品的详情页设计展示效果。采用折线跳跃的构图方式将产品悬浮在画面中，具有很强的活跃性与画面延展性。用亮丽的黄色系作为背景主色调，既凸显产品又给人以亮眼的视觉体验。简单的文字对产品进行进一步的说明，同时为画面添加细节效果。

RGB=247,206,121 CMYK=7,24,58,0
RGB=54,26,10 CMYK=69,84,97,63
RGB=238,240,236 CMYK=9,5,8,0
RGB=168,48,55 CMYK=41,93,82,6
RGB=53,132,185 CMYK=78,42,16,0

这是一款食品的详情页设计展示效果。采用图文分离的构图方式，将产品和文字清晰直观地展现出来。右侧的产品以折线跳跃的方式进行摆放，给人以很强的视觉动感。特别是在纯度较高的青色背景衬托下，尽显食物的美味与活跃。左侧红色的主标题文字在背景颜色的衬托下十分醒目，具有很好的宣传与推广效果。

RGB=146,213,214 CMYK=47,2,22,0
RGB=235,214,67 CMYK=15,16,79,0
RGB=207,46,46 CMYK=24,93,86,0
RGB=163,169,56 CMYK=45,28,90,0
RGB=16,28,27 CMYK=89,78,80,65

## ⊙ 5.6.2 美食类电商美工设计技巧——用小元素增加画面趣味性

随着社会生活水平的不断提高，消费者在购买产品时除了要了解产品的构成要素等基本信息之外，整体外观形状与展示效果也在其考虑范围之内。所以，在对该类电商美工进行设计时可以运用一些小元素来装饰画面，让其呈现一定的趣味性与创意感。

这是一款粗粮膳食的宣传页面设计。采用左右分割的构图方式，将版面通过背景色的不同分割为两个版面，并将不同的粗粮产品以自由式的方式摆放。通过枸杞、胡萝卜丁等食材使左右两侧形成互动，同时增强了画面的活跃感，给人以鲜活、俏皮、灵动的视觉感受。

这是一款老年食品的详情页设计展示效果。采用左右分割的构图方式，将产品和相关的文字进行清晰直观的展现。

右侧将不同种类的产品并排摆放，给消费者以清楚的视觉印象。在设计中将产品比作高山，而以老年人爬"山"的形式来凸显产品的强大功效，具有很强的创意感和视觉冲击力。

左侧文字则对产品进行了进一步的补充与说明，同时也让整个版式具有细节设计感。

### 配色方案

双色配色　　　　　　三色配色　　　　　　四色配色

### 美食类电商美工设计赏析

# 5.7 母婴玩具类电商美工设计

　　随着社会的不断发展与进步，人们对孩子用品的要求也越来越高。由于孩子们有很强的好奇心，想了解各种事物，安全隐患不容忽视。所以家长在为孩子选购产品时，除了要考虑孩子本身的兴趣爱好之外，还要更加注重产品的安全问题。特别是母婴用品，更是有着极高的标准。

　　所以，在对该类店铺进行美工设计时，要最大限度地凸显产品的安全与实用性能。比如，展现出产品的材质、原材料的来源、生产规格、安全检验证书甚至外包装等。

特点：

◆ 具有鲜明的消费市场与消费对象；

◆ 具有很强的安全要求标准；

◆ 多以亮丽的色彩为主色调；

◆ 构图一般具有较强的趣味性与创意感；

◆ 画面富有动感与活力。

## ⊙ 5.7.1　活泼风趣的母婴玩具类电商美工设计

　　活泼风趣的母婴玩具类电商美工设计，就是在设计时让产品整体呈现出较强的趣味性。因为爱玩、好奇心重是孩子的天性，而且家长在给孩子选择相应产品时看重的也是这一点。同时还要注意产品的安全性，一款产品再有趣味，没有安全保障也是没有任何意义的。

　　**设计理念**：这是一款儿童雨靴的详情页设计。采用左右分割的构图方式，将产品清晰明了地展现在消费者面前，使其一目了然。

　　**色彩点评**：画面整体以黄色调为主，黄色是阳光的色彩，能表现无拘无束的快乐感和轻松感。而且鞋子的主色调与背景形成同色系的颜色对比，将产品直接凸现出来。

　　①画面中多彩的简笔画图案，一方面突出表明产品的特性，另一方面打破了整体的单调与乏味，给人以很强的趣味性，凸显出儿童天真、活泼的本性。

　　②将文字放置在黑色描边矩形框中，具有很好的视觉聚拢感，将信息进行直接明了的传达。

- RGB=243,223,131 CMYK=10,14,56,0
- RGB=242,196,61 CMYK=10,28,80,0
- RGB=100,199,202 CMYK=60,3,27,0
- RGB=242,108,46 CMYK=5,71,83,0
- RGB=3,3,3 CMYK=92,87,88,79

　　这是一款儿童玩具的详情页设计。采用满版型的构图方式，将产品直接摆放在画面中间位置，给消费者以直观的视觉印象。纯度较高的青色背景，使整个画面具有极高的辨识度。在产品右下角旁边添加白色的简笔画图案，给人以趣味性与动感。

- RGB=132,208,213 CMYK=51,3,22,0
- RGB=225,77,156 CMYK=15,82,4,0
- RGB=255,255,255 CMYK=0,0,0,0
- RGB=210,43,52 CMYK=22,94,81,0

　　这是一款婴儿湿巾的产品详情页面设计。采用居中对称的布局方式，将产品放在画面中间直观展现，具有突出、醒目的效果。产品上下两侧的文字具有解释、说明的作用，使观者更加了解产品。

- RGB=49,21,96 CMYK=95,100,56,8
- RGB=241,187,211 CMYK=6,36,4,0
- RGB=101,195,220 CMYK=59,8,16,0
- RGB=255,253,254 CMYK=0,1,0,0
- RGB=108,181,66 CMYK=62,10,91,0

## ◎ 5.7.2  母婴玩具类电商美工设计技巧——着重展现产品的安全与健康

　　母婴玩具类电商美工要着重展现产品的安全与健康。因为儿童没有自我保护能力，特别是一些注意不到的安全隐患。所以在设计时要最大限度地展现产品的本来样貌，特别是带有棱角的玩具类产品，同时还可以借助色彩或者一些小的装饰元素来间接地呈现。

　　这是一款儿童专用湿巾的详情页设计。采用左右分割的构图方式，将前后错开摆放的产品直接呈现。同时在一定投影的衬托下，给人以很强的空间立体感。

　　绿色是一种环保、健康的颜色，产品包装和文字说明均采用该种颜色，既表明了产品的安全性，同时也可以让消费者放心购买。

　　产品旁边简笔画的超人妈妈，用风趣幽默的方式将产品足够安全的信息传达给消费者。

　　这是一款幼儿奶粉的宣传页面设计。采用骨骼型与重心型的构图方式，将产品作为主体，给人带来醒目、鲜明的感觉，清晰地向观者展现产品。下方骨骼型排版的文字表现出该产品对于大脑、免疫力以及骨骼发育等的好处，从而吸引消费者购买。

### 配色方案

双色配色　　　　　三色配色　　　　　四色配色

### 母婴玩具类电商美工设计赏析

# 5.8 生鲜类电商美工设计

生鲜产品作为我们日常食物的组成部分是必不可少的,同时也是至关重要的。水果、蔬菜、肉品、水产、干货等都是我们维持身体健康所必需的。

由于生鲜类产品一般是未经过烹调、制作等深加工过程,只做必要保鲜和简单整理上架而出售的初级产品。因此在对该类电商美工进行设计时,一定要凸显产品的新鲜与健康,同时也要注重展现产品的原貌,不要有过多的修饰。

特点:

◆ 展现产品的本来面貌;

◆ 具有很强的绿色与健康要求;

◆ 多以原材料的本色为主色调;

◆ 具有明显的品牌标识;

◆ 直接将产品作为展示主图。

## ◉ 5.8.1　新鲜健康的生鲜类电商美工设计

生鲜类食物最注重的就是新鲜、绿色与健康。所以在对该类电商美工进行设计时，要将产品的实景拍摄作为展示主图，将其尽可能地进行放大处理。这样将产品细节直接展现在消费者面前，可以大大增强其对店铺与品牌的信赖感。

**设计理念：** 这是一个水果店铺相关产品的详情页设计。采用左右分割的构图方式将产品按大小顺序前后摆放，给消费者直观的视觉印象。

**色彩点评：** 整体以姜黄色为主色调，一方面将产品凸显出来，给人以很强的食欲感。另一方面与桃子的色调相一致，使整体效果具有统一感。

🔵 右侧以倾斜角度进行摆放的产品让消费者一目了然。特别是葡萄绿色叶子的添加，凸显出水果的新鲜与健康。画面中小装饰元素的添加，让整体具有活跃的细节设计感。

🔵 左侧采用左右两端对齐排列的文字，在规整有序的布局中对产品进行了很好的解释与说明。

RGB=245,212,136 CMYK=7,21,52,0

RGB=242,141,128 CMYK=5,58,42,0

RGB=159,70,103 CMYK=47,84,47,1

RGB=155,182,73 CMYK=48,18,83,0

RGB=3,3,3 CMYK=92,87,88,79

这是一家水果店的欢迎页面设计。采用满版型的构图方式，将图像铺满页面，使画面具有较强的视觉感染力。低明度的背景色将文字衬托得更加清晰，给人带来鲜明、醒目的感觉。

这是有关水果线上购买服务的详情页设计。使用居中对称的构图方式，形成规整、稳定的布局效果。文字后侧的色块作为载体使文字更加清晰，而底部的葡萄色彩明快，给人一种清新、清甜的感觉。

RGB=237,247,222 CMYK=11,0,18,0

RGB=204,221,81 CMYK=29,4,78,0

RGB=98,141,8 CMYK=69,35,100,0

RGB=255,255,255 CMYK=0,0,0,0

RGB=35,26,21 CMYK=79,80,84,66

RGB=60,74,104 CMYK=84,75,47,9

RGB=124,112,109 CMYK=60,57,54,2

RGB=255,255,255 CMYK=0,0,0,0

RGB=14,197,117 CMYK=71,0,70,0

# ⊙ 5.8.2　生鲜类电商美工设计技巧——尽量用产品本色作为主色调

　　无论什么种类的电商，在对产品进行宣传与展示时都需要借助一定的背景。不同种类的产品在背景的选择上有不同的要求。对于食物类产品，特别是生鲜类产品，在设计时最好采用食物的本色作为背景主色调，这样不仅可以让消费者感受到产品的原汁原味，同时也让整个画面和谐统一，为食物提供一个良好的展示环境。

　　这是一个蔬菜电商产品宣传的广告设计。采用上下分割的构图方式，将产品和文字直接展现在消费者眼前。淡粉色的背景主色调与桃子相一致，给人很强的统一协调感。

　　摆放在画面右下角的水果，既让消费者看到了产品的内部形态，同时也不至于让画面下方显得过于空洞。

　　水果下方的文字，主次分明，对品牌和店铺具有很强的宣传与推广作用。

　　这是一个水果店铺的产品宣传 Banner 设计。采用左右分割的构图方式，将产品进行直观的呈现。背景采用与水果同色系的黄色调，在纯度的差别对比中将其清楚地凸显出来。

　　左侧将水果摆放在盘子里进行呈现，具有很好的视觉聚拢感。切开的芒果，可以增加消费者对产品的进一步了解。

　　在背景中添加简单几何图形和线条，打破了整体的单调与乏味，给人以立体感。

## 配色方案

双色配色　　　　三色配色　　　　四色配色

## 生鲜类电商美工设计赏析

# 5.9 家居类电商美工设计

　　各种各样的家居产品是构成一个个小家的重要组成部分。在日常生活中，人们使用的东西几乎都可以被称为家居产品，由此可见其重要性。

　　家居类电商美工设计就是以各种家居用品为主，如地毯、台灯、家具、衣柜等。因为家居是与我们生活息息相关的，所以在设计时既要突出产品的独特风格与美感，同时也要将产品的具体使用方法、功能等展示出来，让人一看就知道产品的具体用途。

特点：

◆ 具有鲜明的家居风格特征；

◆ 突出产品的实用性；

◆ 颜色既可高雅奢华，也可清新亮丽；

◆ 产品展示以大图为主；

◆ 整个构图方式简约直接。

## ⊙5.9.1 清新淡雅风格的家居类电商美工设计

清新淡雅风格的家居类电商美工设计，就是给人营造一种清新简约却不失时尚的视觉氛围。这种风格的美工设计，在用色上多以较淡的色彩为主色调，在突出家居温馨的同时给人带来放松与舒适之感。

设计理念：这是一个家居店铺产品宣传的 Banner 设计。采用产品在两端、文字在中间的构图方式，将其清晰明了地呈现，给消费者以直观的视觉印象。

色彩点评：整体以蓝色为主色调，给人营造一种理智、清新却不失时尚的视觉氛围。不同纯度之间的过渡，可以缓解受众浏览页面时的视觉疲劳。

🐦 摆放在左右两侧的白色产品，既与蓝色形成鲜明的对比，将其很好地凸显出来。同时也提高了整个画面的亮度，十分引人注目。

🐦 画面中间的主标题文字以较深的蓝色来表示十分醒目。特别是文字上方有线条构成的屋顶形状，在简单之中给人以家的温馨与浪漫。

- RGB=166,202,215 CMYK=40,13,15,0
- RGB=88,128,169 CMYK=71,47,22,0
- RGB=51,71,113 CMYK=89,79,41,5
- RGB=255,255,255 CMYK=0,0,0,0

这是一款毛巾产品宣传详情页设计。采用中心型的构图方式，将产品和文字直接放置在画面中间，十分醒目。在浅色背景的衬托下，具有很强的清新之感。不同颜色的产品以堆叠的方式呈现，给人一种较强的立体感。简单线条和简笔画小鸟的装饰，让整个画面极具细节设计感。

- RGB=212,218,226 CMYK=20,13,9,0
- RGB=222,221,219 CMYK=16,12,13,0
- RGB=116,134,146 CMYK=62,44,37,0
- RGB=217,180,95 CMYK=21,33,69,0

这是一款吸尘器的详情页设计。将产品以倾斜的方式摆放在画面右侧，而且在简单线条的装饰下给人以很强的趣味性。同时浅色的背景与产品整体色调相一致，给人以素雅清新的感受。蓝色的主标题文字十分醒目，具有很好的宣传作用。

- RGB=218,216,224 CMYK=17,15,9,0
- RGB=88,87,86 CMYK=71,64,62,15
- RGB=13,11,9 CMYK=88,84,86,75
- RGB=79,167,212 CMYK=67,24,12,0

写给
设计师
的书

电
商
美
工
设
计
手
册

（第2版）

## ◎ 5.9.2　家居类电商美工设计技巧——注重实用性的同时提高产品格调

　　家居类的电商美工设计在注重体现产品的实用性的同时还要提高产品的格调，通过具有创意的方式或者色彩搭配将产品具有的格调凸显出来引起消费者的注意。

　　这是一个杯子的产品详情页设计。采用中心型的构图方式，将产品直接在画面中间位置进行呈现，使消费者一目了然。

　　整体以橙色为主色调，给人以清新、亮丽的视觉感受。将纯度较低的同色系描边矩形作为产品展示的载体，在适当投影的衬托下给人以很强的空间立体感。

　　将产品以倾斜的角度进行呈现，使消费者一目了然。在橙色背景的映衬下，体现了产品的雅致与时尚。

　　这是一个水龙头的产品宣传广告设计。采用中心型的构图方式，将产品实拍图像作为展示主图，给消费者以直观的视觉印象。

　　深灰色渐变的背景，一方面将产品直接凸显出来，另一方面体现出店铺稳重与成熟的经营理念。

　　极具金属质感的产品，在适当灯光效果的衬托下尽显奢华与精致，而且下方的白色水池让这种氛围又浓了几分。

## 配色方案

双色配色　　　　　　　三色配色　　　　　　　四色配色

## 家居类电商美工设计赏析

124

# 5.10 奢侈品类电商美工设计

奢侈品是超出人们生存发展需要的产品,它代表着一种生活方式。随着时代的发展,奢侈品在不同时期有着不同的代表产品,该种类的电商美工在设计时要将画面作为传播信息和形象的主要渠道,文字的应用为辅。因为消费者在购买时首先看到的就是产品,文字只是起到辅助解释说明的作用。

总体来说,奢侈品行业的产品价值和品质都相对较高,在进行美工设计时要更加注重整体的视觉感和个性化。既要突出产品与品牌,同时也将店铺与品牌的文化氛围、经营理念、产品格调等凸显出来。

特点:

◆ 画面高端、大气;

◆ 注重产品和品牌宣传;

◆ 画面主体物突出,有明显的产品格调;

◆ 具有权威的典型性和代表性。

## ◉5.10.1　高端风格的奢侈品类电商美工设计

奢侈品在人们的日常生活中是很少用到的，因为其价格过于昂贵，一般消费者不会为其埋单。所以在设计时就要将其高端、大气的特性凸显出来，可让人在浏览时得到美的享受与心理满足。

设计理念：这是一款女士耳钉的详情页设计。采用中心型的构图方式，将产品直接摆放在画面中间位置，给人以清晰直观的视觉感受。

色彩点评：整体以紫色为主色调，给人以奢华与高贵的视觉体验。在不同纯度

紫色的对比之下，将产品很好地凸显出来，同时营造了较强的空间立体感。

🌐① 放在中间位置的产品，在适当灯光的衬托下，尽显其独特的金属质感。以不同的角度进行呈现，这样可以让消费者观看到产品的更多细节。

② 上方的白色文字对产品进行了简单的说明。紫色的矩形底色，具有很好的提示效果。

RGB=144,136,193 CMYK=52,49,5,0
RGB=105,94,169 CMYK=70,68,6,0
RGB=76,58,148 CMYK=83,87,8,0
RGB=255,255,255 CMYK=0,0,0,0
RGB=162,57,124 CMYK=47,89,27,0

这是一款男士手表的详情页设计。将手表以模特佩戴的方式呈现，给人以清晰直观的视觉感受。手表整体以灰色为主色调，在独特金属质感的衬托下尽显产品的精致与高端。同时也让佩戴者的成熟稳重气质淋漓尽致地表现出来。放大处理的表盘，将内部信息进行直接的展示。

■ RGB=145,166,177 CMYK=50,30,27,0
RGB=215,221,229 CMYK=19,11,8,0
■ RGB=100,107,116 CMYK=69,58,49,2
■ RGB=79,127,145 CMYK=74,45,38,0
■ RGB=201,152,140 CMYK=26,47,40,0

这是一款香水的产品宣传广告设计。采用中心型的构图方式，将放大的产品直接摆放在画面中间位置，十分醒目。周围其他不同种类与大小的产品，一方面，让主图更加清楚；另一方面，在大小变化中给人以很强的空间立体感。产品后方的主标题文字，对品牌具有很好的宣传与推广作用。

■ RGB=37,75,86 CMYK=88,68,59,21
■ RGB=196,83,52 CMYK=29,80,84,0
■ RGB=239,232,131 CMYK=13,7,57,0
■ RGB=220,180,146 CMYK=17,34,43,0

## ⊙5.10.2 奢侈品类电商美工设计技巧——凸显品牌特色

　　每个品牌和产品都具有各自的特点和形象。在为奢侈品类电商美工设计时，就要在起到宣传产品的同时提高品牌的辨识度，将品牌特色最大限度地凸显出来。

　　这是一款女士戒指的产品详情页设计。采用左右分割的构图方式，将产品以直观的视觉效果进行呈现，使消费者一目了然。放在画面右侧的产品，以倾斜的角度进行摆放，既可以将产品外表效果呈现出来，同时也可以让消费者看到戒指内部壁面的细节，增强其对店铺与品牌的信任度与好感。

　　右侧以竖排形式摆放的品牌文字，在浅色的背景中十分醒目，同时具有很好的宣传作用。

　　这是一款香水的宣传详情页设计。采用重心型的构图方式，将图像与文字居中摆放，使其清晰地呈现在观者面前。通过浮雕样式的香水瓶花卉的装饰，以及黑色背景的运用，打造出神秘、冷艳的质感。而金色文字则增添奢华、富丽、高端的气息，提升整体画面格调。

### 配色方案

双色配色　　　　　　三色配色　　　　　　四色配色

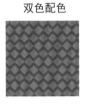

### 奢侈品类电商美工设计赏析

# 5.11 虚拟产品类电商美工设计

　　虚拟产品是指电子商务市场中的数字产品和服务（专指可以通过下载或在线等形式使用的数字产品和服务），具有无实物性质，是在网上发布时默认无法选择物流运输的商品，可由虚拟货币或现实货币交易买卖的虚拟商品或者虚拟社会服务。虚拟商品主要包括计算机软件、股票行情和金融信息、新闻、音乐影像、电视节目、搜索、虚拟云主机、虚拟云盘、虚拟光驱、App虚拟应用、虚拟商品、网络游戏中的一些产品和在线服务。

　　由于该类产品不具备实物产品所具有的一般性质，所以在进行设计时就要从产品的实际情况出发，不同的产品有不同的规格与要求。

特点：

◆ 无法选择物流运输；

◆ 无破坏性且运输速度较高；

◆ 具有很强的时效性；

◆ 具有明显的支付与提示标识。

## ◉5.11.1 卡通风格的虚拟产品类电商美工设计

卡通风格的虚拟产品类电商美工设计是通过一系列卡通元素，以幽默、可爱的效果来展现想要表达的事物，整体给人以生动有趣的感觉。卡通风格的虚拟产品类电商美工设计可以让相应的店铺更加引人注目，打破枯燥与乏味，并刺激消费者进行购买的欲望与兴趣。

**设计理念：**这是一家线上阅读网站的儿童书籍页面设计。采用骨骼型的构图方式，将不同的目录与命令清晰展现，给人以一目了然的感觉。而卡通恐龙坐在地上阅读的场景给人以憨态可掬、妙趣横生的感觉，并打造出更具童趣、活泼、欢快的气氛。

**色彩点评：**白色作为页面背景色，将文字与图案等元素衬托得极为醒目，给人以简单、清爽、自然的感觉。

🔴主图部分使用橙黄色、金黄色、绿色、红色等高纯度色彩进行搭配，给人一种明亮、阳光、明快的感觉。

🟡黑色文字排版工整、层次分明，将不同的信息与明亮清晰传达。

RGB=255,255,255 CMYK=0,0,0,0
RGB=254,204,53 CMYK=4,26,81,0
RGB=255,154,28 CMYK=0,51,87,0
RGB=216,46,46 CMYK=18,93,85,0
RGB=135,176,54 CMYK=55,18,93,0
RGB=56,56,56 CMYK=78,73,70,41

这是一个儿童线上教育网站的欢迎页面设计，通过色块的使用将不同的卡通图形生动描绘，展现出孩子兴致勃勃地阅读的画面，营造良好的学习氛围。紫色、山茶红、嫩绿色、淡黄色等色彩的搭配，更显画面清新、欢快、鲜活。

■ RGB=90,74,119 CMYK=76,79,38,2
■ RGB=165,152,250 CMYK=44,42,0,0
■ RGB=255,123,128 CMYK=0,66,37,0
　RGB=255,233,163 CMYK=3,11,43,0
□ RGB=255,255,255 CMYK=0,0,0,0
■ RGB=181,220,116 CMYK=38,0,66,0

这是一款产品付款后的抽奖页面设计。采用中心型的构图方式，将抽奖大转盘直接摆放在画面中间位置，十分醒目。粉色的背景与转盘的绿色形成颜色对比，将相关信息直接凸显出来。同时画面中卡通形式的金币造型，既给画面增添了一抹亮丽的色彩，又极具视觉冲击力。

■ RGB=243,149,154 CMYK=4,54,28,0
■ RGB=137,203,158 CMYK=51,4,48,0
□ RGB=255,255,255 CMYK=0,0,0,0
■ RGB=238,191,63 CMYK=12,30,80,0
■ RGB=206,39,90 CMYK=24,94,50,0

## ⊙ 5.11.2 虚拟产品类电商美工设计技巧——增强互动效果

　　常见的虚拟产品类电商美工设计通常给人一种呆板、无趣的视觉感受，所以在设计时要尽可能地让受众与各店铺之间形成一定的互动感。这样不仅可以让受众对店铺有较为深入的认识，提升对店铺的信赖感与好感度，同时也能够加大对品牌的宣传与推广力度。

　　这是一个健身 App 的页面设计。采用骨骼型的构图方式，通过半透明白色色块作为文字载体，在页面中展示出关于身体相关数据以及不同的建议，让使用者可以清楚地进行锻炼。

　　这是一个在线学习英语的网站页面设计。采用图文分离的形式，将图像放在页面右上角，并通过手机的轮廓表现随时随地进行学习的便利。以不同纯度的铬黄色作为背景色搭配，丰富了背景的层次，增强了画面的视觉表现力，使其更加吸睛。

### 配色方案

双色配色　　　　　　　三色配色　　　　　　　四色配色

### 虚拟产品类电商美工设计赏析

# 5.12 汽车类电商美工设计

汽车是人们生活中常用的代步工具，随着人们对汽车性能要求的不断提高，在进行该类电商美工设计时，要重点突出汽车的功能性，如舒适度、稳定性、速度和容量等，以此抓住消费者的内心需求。

要想在众多汽车类电商美工设计中脱颖而出，除了要尽可能地展示产品之外，还要将企业的经营理念、文化内涵、产品格调，甚至是宣传页面效果、服务态度、店面形象等表现出来。只有给消费者留下深刻印象，才能激发他们进一步了解，甚至购买的欲望。

特点：

◆ 利用明星代言，提高产品的知名度；

◆ 宣传力度极大；

◆ 尽可能详细地展示产品细节；

◆ 具有明显的品牌标识。

## ◎5.12.1 大气壮观的汽车类电商美工设计

因为汽车本身就给人一种炫酷、有气势的感觉，所以汽车类电商美工设计就可以从这一点入手，在展现汽车功能性的同时营造一种高端霸气、时尚奢华的视觉氛围。

**设计理念：** 这是一款汽车的网页首页设计。采用中心型的构图方式，将产品直接在画面中间进行清晰的呈现，给消费者直观的视觉印象。

**色彩点评：** 整体以深色为主色调，一方面凸显出汽车的稳重与大气；另一方面与汽车的橙色形成鲜明的颜色对比，将其完美地凸现出来。

🔴 橙色外观的汽车，在深色背景的衬托下十分醒目。在灯光的照射下，将汽车完美的流线型淋漓尽致地呈现在消费者面前。

🔵 白色的文字对产品进行了一定的解释与说明，特别是右上角白色底色的品牌标志，具有很好的宣传与推广作用。

■ RGB=21,18,24 CMYK=87,86,77,68
■ RGB=51,53,56 CMYK=80,74,69,42
■ RGB=210,120,54 CMYK=22,63,83,0

这是一款汽车的宣传 Banner 设计。采用满版型的构图方式，将产品直接呈现在消费者面前。以道路崎岖的雨林作为大背景，一方面给人以清新、开阔的视觉体验；另一方面反衬出汽车强大的防震功能和极佳的越野性能。左侧的白色文字对汽车进行了一定的解释与说明，同时与右下角的品牌标识文字形成对角线的稳定效果。

■ RGB=86,88,51 CMYK=70,59,90,24
■ RGB=218,207,202 CMYK=17,19,18,0
□ RGB=255,255,255 CMYK=0,0,0,0
■ RGB=17,19,16 CMYK=87,81,85,71

这是一款汽车的产品详情页设计。通过垂直排版形成空间的延伸感，同时深蓝色的背景恢宏、大气，形成深邃、高端的风格。白色文字与黄色线条则在深色背景的衬托下十分醒目，增强了画面的活泼感。

■ RGB=10,17,23 CMYK=92,86,78,69
■ RGB=25,45,69 CMYK=94,86,58,35
■ RGB=118,122,131 CMYK=62,51,43,0
□ RGB=255,255,255 CMYK=0,0,0,0
■ RGB=243,206,53 CMYK=10,22,82,0
■ RGB=184,20,21 CMYK=36,100,100,2

# ⊙5.12.2 汽车类电商美工设计技巧——用直观的方式展示

在汽车类电商美工设计时尽可能地将汽车以直观的方式展现出来，这样既可以让消费者看到更多细节，也可以给相应的经营电商增加信任感。

这是一款汽车的详情页设计。采用左右分割的构图方式，将产品和相关细节直接呈现在消费者面前。

右下角以矩形外观的形式将产品细节效果进行放大展示，让消费者有较为清晰的视觉印象，而且相应的文字解释，起到进一步地加深理解的作用。

这是一款汽车内部空间的页面展示设计。采用左右分割的构图方式，将产品放置在分界线处，形成了极强的视觉聚焦效果。橙色与复古红的搭配形成鲜明的明暗对比，给人以复古、时尚的感觉。

## 配色方案

| 双色配色 | 三色配色 | 四色配色 |
|---|---|---|

## 汽车类电商美工设计赏析

# 第6章 电商美工设计的视觉印象

随着互联网的发展，网上购物已成为人们一种新的购物方式，而网上开店也成为越来越多人创业的首选。为了在激烈的竞争中脱颖而出，很多经营者都希望把网店设计得更专业、更美观，以此来吸引更多消费者的注意力。

在对店铺的视觉形象进行设计之前，我们需要了解自己店铺所属的类型与风格。比如，有注重食品美味健康的，有追逐时尚潮流的，有注重绿色环保的，有凸显产品高科技、高智能的，还有展现产品的高调与奢华的。由于不同的风格有不同的设计要求，所以在进行设计时，一定要将店铺对外的视觉形象确定下来，只有这样，才能有针对性地进行装修与美化。

# 6.1 美味

在美味类型的电商美工设计时，最重要的就是要将产品进行直观的展示，这样不仅可以将消费者的味蕾调动起来，激发其购买欲望，而且也非常有利于产品与品牌的宣传与推广。

设计理念：这是一款食品的详情页设计。采用折线跳跃的构图方式，将产品直观地呈现在消费者面前。超出画面的部分具有很强的视觉延展性。

色彩点评：浅绿色的背景，凸显产品，同时与产品的橙色形成颜色对比，为画面增添了一抹亮丽的色彩，也极大地刺激了消费者的食欲。

🔴1 倾斜跳跃的产品，在适当投影的衬托下，给人以很强的视觉活跃感与立体空间感。后方规整摆放的产品，增强了画面的稳定性。

🔴2 将文字以白色矩形边框作为呈现的载体，有很强的视觉聚拢感，也对产品有积极的宣传作用。

RGB=150,207,172 CMYK=47,4,41,0
RGB=220,140,50 CMYK=18,54,85,0
RGB=69,69,37 CMYK=73,64,95,38

这是一个比萨在线购买网站的详情页设计。将不同款的比萨作为主图，通过骨骼型的构图方式，将不同款的比萨口味与用料清晰地呈现在消费者面前，便于消费者挑选购买。

这是一款快餐的详情页设计。采用曲线型的构图方式，通过背景色彩的不同将画面分为两个板块，并将汉堡放在画面中央，形成最强的视觉吸引力。铬黄色、紫色、嫩绿色的搭配，形成绚丽、浓郁的视觉效果，同时可以有效增强观者食欲。

■ RGB=43,47,58 CMYK=84,79,65,43
RGB=245,237,214 CMYK=6,8,19,0
■ RGB=244,27,10 CMYK=2,95,97,0
■ RGB=134,169,79 CMYK=55,23,82,0

■ RGB=255,187,0 CMYK=2,35,90,0
■ RGB=199,27,154 CMYK=31,92,0,0
□ RGB=255,255,255 CMYK=0,0,0,0
RGB=176,215,0 CMYK=41,0,97,0
■ RGB=114,27,113 CMYK=70,100,31,0

## 美味类电商美工视觉形象设计技巧——增强画面动感

相对于平面图形来说，立体图像更具有视觉冲击力。所以在对美食类电商美工进行设计时，应尽可能展现产品的立体效果。因为在立体动感中，不仅可以让产品较为清楚直观地进行展示，同时也会极大地激起消费者的食欲。

这是一款汉堡的详情页设计。将产品以适当放大的方式摆放在画面中间位置，让消费者对其有一个直观的视觉感受。

稍微倾斜摆放的汉堡和旁边的薯条，以悬浮的状态准备着，好像随时要冲出去，具有很强的动感与趣味性。

白色的文字，以竖排的方式进行呈现，一方面对产品进行适当的解释与说明，另一方面增强了画面的稳定性。

这是一款饼干的详情页设计。采用左右分割的构图方式，并将产品放在中央分界位置，通过实物吸引观者目光，刺激观者食欲。倾斜摆放的产品与飘扬的可可粉增强了画面的动感，给人带来灵动、轻盈、鲜活的感觉。

## 配色方案

双色配色         三色配色         四色配色

## 美味类视觉印象设计赏析

随着社会的迅速发展，各种时尚潮流层出不穷，充斥在我们的生活中。在对潮流类型的电商美工进行视觉印象设计时，要紧随社会发展的趋势，迎合受众心理。只有这样才能让店铺吸引更多消费者的关注，才有更好的销售业绩。

设计理念：这是一款护肤品的详情页设计展示效果。采用中心型的构图方式，将产品放置在画面中间位置，好像从土壤里生长出来一样。其紧随社会发展潮流，给消费者以直观的视觉印象。

色彩点评：整体以大地色为主色调，给人以清新、有生命力的视觉效果。淡青色的产品包装在土地的衬托下，极具清新醒目之感。

🔴① 好像直接从土壤里生长出来的产品，在周围绿色嫩芽植物的衬托下，极具生机与活力，也从侧面凸显出该产品可以让消费者的肌肤重焕光彩，与消费者对产品的需求心理相吻合。

🔴② 画面上下端主次分明的文字，对产品进行了相应的解释与说明，同时丰富了整体的细节设计感。

■ RGB=75,68,67 CMYK=73,70,67,30
■ RGB=199,203,208 CMYK=26,18,15,0
■ RGB=158,211,216 CMYK=43,6,18,0
■ RGB=156,179,91 CMYK=47,21,75,0

这是一家彩妆店的产品详情页设计。采用左右分割的构图方式，将不同色号的口红放在左侧板块，右侧则将涂出的印记作为载体，将文字信息凸显。火鹤红与葡萄紫色的搭配，色彩纯度较低，形成温柔、优雅、婉约的视觉效果。

■ RGB=240,200,192 CMYK=7,28,21,0
■ RGB=214,182,189 CMYK=19,33,18,0
■ RGB=156,134,151 CMYK=46,50,31,0
■ RGB=8,7,7 CMYK=90,86,86,76

这是一款手表的详情页设计展示效果。将产品以垂直角度直接摆放在画面右侧，使消费者一目了然。产品本身的色调与背景相一致，让画面和谐、统一，而且刚好和流行的冷淡风潮流相吻合，极大地刺激了消费者的购买欲望。少量淡橘色作点缀，为画面增添了一抹亮丽的色彩。

■ RGB=177,173,168 CMYK=36,31,31,0
□ RGB=255,255,255 CMYK=0,0,0,0
■ RGB=225,177,104 CMYK=16,36,63,0

## 潮流类电商美工视觉形象设计技巧——凸显产品特性

追逐潮流的确可以让产品提高曝光度，得到更多消费者的关注，但是一味追求潮流，而没有实质性的内涵与文化，迟早是会被淘汰的。所以在对该类型的电商美工进行视觉形象设计时，在紧跟潮流的同时，也要凸显产品本身具有的特性，只有这样才能让产品得到更多消费者的青睐。

这是一款吊灯的 Banner 设计。采用中心型的构图方式，将产品直接在画面中间位置呈现，给消费者以直观的视觉印象。

纯度适中的橙色系背景，让人体会到家的温馨与浪漫，而且与吊灯灯罩的青色形成鲜明的颜色对比，凸显吊灯。

吊灯前方的白色文字对产品有积极的宣传与推广作用。

这是一款椰汁的详情页设计。将从中间裂开、椰浆四溅的动感画面作为展示主图，具有很强的视觉刺激感。

相对于平面展示来说，具有动感的立体效果展示更能吸引消费者的注意力。将产品进行倾斜摆放，可以让更多的产品细节凸显出来。

产品上方不规则摆放的文字，看似随意却具有独特的美感，而且与产品的活跃、动感相呼应。

## 配色方案

| 双色配色 | 三色配色 | 四色配色 |
|---|---|---|
|  |  |  |

## 潮流类视觉印象设计赏析

# 6.3 环保

随着社会的迅速发展，人们的环保意识也在逐渐提升。一款好的产品，除了其本身具有的良好特性与功能之外，还要注重环保问题。因此在对该类型的电商美工进行视觉形象设计时，要尽可能凸显产品在环保方面做出的努力，这样更容易获得消费者的好感。

设计理念：这是一款化妆品的详情页设计。采用中心型的构图方式，将产品放置在画面中间位置，给消费者以清晰、直观的视觉印象。

色彩点评：整体以浅色为主色调，将产品很好地呈现出来，而且也让画面中小面积的绿色更加醒目，凸显出店铺注重环保健康的经营理念。

1️⃣ 摆放在画面中间位置的产品本身没有什么特别之处。但是旁边一枝绿叶的点缀，说明了产品提取材质的绿色纯天然。

2️⃣ 画面顶部同色系的文字，再一次与产品性质相呼应，具有很好的宣传效果，而其他文字则进行了相应的说明，同时丰富了细节效果。

RGB=245,238,232 CMYK=5,8,9,0
RGB=198,180,169 CMYK=27,31,31,0
RGB=93,121,63 CMYK=71,46,91,5

这是一款护肤品的详情页设计。采用中心型的构图方式，将产品在画面中间位置呈现，使消费者一目了然。产品下方由树叶摆成的心形图案，一方面凸显产品的绿色与环保，另一方面也体现店铺真诚为消费者提供服务的经营理念。上下两端主次分明的文字，对产品进行了解释与说明。

RGB=230,234,216 CMYK=13,6,18,0
RGB=90,133,70 CMYK=71,40,89,1
RGB=255,255,255 CMYK=0,0,0,0
RGB=217,215,142 CMYK=21,13,53,0

这是一款鞋子的 Banner 设计。将版面内容放置在白色描边矩形框里，具有很强的视觉聚拢感。周围的绿色植物，在同色系背景的对比下十分醒目，而且也从侧面说明鞋子材质的绿色与环保。中间位置的文字，对产品具有说明与宣传的作用。

RGB=197,228,211 CMYK=28,2,23,0
RGB=100,151,70 CMYK=67,29,89,0
RGB=90,105,55 CMYK=71,53,93,13
RGB=255,255,255 CMYK=0,0,0,0
RGB=211,155,60 CMYK=23,45,82,0

### 环保类电商美工视觉形象设计技巧——直接展现绿色健康

环保作为人们经常谈论的话题，在现代社会中占据着越来越重要的地位。在进行该类型的电商美工视觉形象设计时，要直接凸显产品具有的绿色环保的特征。比如，现在的新能源汽车，直接在车牌上进行体现，让人一目了然。

这是一款化妆品原材料提取物的详情页设计。将植物以圆盘为展示载体，在画面右侧进行呈现。超出画面的部分具有很好的视觉延展性。

绿色的植物在浅色背景的衬托下十分醒目，让消费者对产品原材料有一个直观的视觉印象，而且也凸显该品牌注重环保与健康的经营理念。左侧绿色的文字，让这种氛围又浓了几分。

这是一家花店的线上购买平台首页设计。采用分割型的构图方式，通过不同明度与纯度的青色的对比，形成不同的板块，并将植物摆放在对角线处，使整个版面更显活跃。整体青色调的画面与植物使画面充满自然、通透、灵动的气息，给人一种自然、清新、惬意的感觉。

### 配色方案

| 双色配色 | 三色配色 | 四色配色 |
| --- | --- | --- |

### 环保类视觉形象设计赏析

# (6.4) 科技

随着社会的迅速发展,不仅让人们的生活水平得到了提高,科技的发展更是日新月异。无论在哪一方面,科技都为我们的生活、工作、学习等方面带来了翻天覆地的变化。所以在进行科技类的电商美工视觉形象设计时,要将其自身具有的特性与智能化凸显出来。

设计理念:这是一款机器的详情页设计。采用居中对称的构图方式,使信息清晰传递,并将指纹的痕迹与不同的折线结合,通过这种形式表现出电子产品的科技感。

色彩点评:黑色作为背景色,色彩明度较低,给整体打造出神秘、个性、炫酷的画面风格。

① 蓝色与青色作为指纹图标形成渐变过渡,打造出光感效果,形成具有科技感的光影变化,使画面更加吸睛。

② 文字使用不同的色彩与字号,使其形成主次关系,给人以层次分明、条理清晰的感觉。

RGB=8,16,37 CMYK=98,96,68,60

RGB=31,161,245 CMYK=72,27,0,0

RGB=118,241,248 CMYK=48,0,15,0

RGB=255,255,255 CMYK=0,0,0,0

这是一款耳机的宣传 Banner 设计。以不同角度进行呈现的产品,给人以直观的视觉印象。在适当光照的衬托下,将其具有的科技感淋漓尽致地展现出来。特别是在烟雾背景下,凸显产品的高雅精致与别具一格的时尚感。左侧渐变的折扣文字具有很好的宣传作用。

RGB=126,184,225 CMYK=54,19,7,0

RGB=58,42,90 CMYK=89,96,46,15

RGB=128,85,86 CMYK=57,71,61,10

RGB=233,162,160 CMYK=10,47,29,0

RGB=244,227,182 CMYK=7,13,33,0

这是一款手表的宣传 Banner 设计。采用分割型的构图方式,将产品放置在背景拼接处,给消费者以直观的视觉印象。产品后方的大写字母"S"具有极强的视觉聚拢感,使人一眼就能注意到,也凸显了产品的科技感与精致、高雅。

RGB=216,218,223 CMYK=18,13,10,0

RGB=255,255,255 CMYK=0,0,0,0

RGB=121,97,153 CMYK=63,68,18,0

RGB=30,30,49 CMYK=90,89,65,51

### 科技类电商美工视觉形象设计技巧——运用色调情感

不同的色调有不同的情感，将同一种色调运用在不同的地方，也会带给人不一样的视觉感受。所以在对科技类的电商美工进行视觉形象设计时，要运用合适的色调，将产品的科技感、智能化等特性烘托出来，给消费者直观的视觉印象。

这是一个智能自动断电装置的宣传页面设计。采用上下分割的构图方式，将版面分为色块与浴室照片两个不同板块。在上方的文字中对于产品自动断电功能有所说明，并通过左上角"0.12"这一数字使观者对于室内耗电情况有所联想。紫色与粉色的渐变效果使画面产生绚丽、奇异的视觉感受，增强了画面的科技感与时尚感。

这是一款产品的详情页设计。采用中心型的构图方式，将产品直接摆放在画面中间位置，给消费者以直观的视觉印象，使其印象深刻。

青色渐变背景的运用，一方面凸显产品具有的科技感与智能感，以及淡淡的复古感；另一方面则体现出店铺稳重、成熟的经营理念。

最下方以并置型的构图方式，对不同种类的产品进行了简单的解释与说明。

### 配色方案

双色配色 　　　　　三色配色 　　　　　四色配色

### 科技类视觉形象设计赏析

# 6.5 凉爽

在炎炎夏日，人们都想待在空调房里，想吃一些能够降温的食品，如冰激凌、冰镇饮料等。所以在进行相关设计时，多运用蓝色、绿色、青色等冷色调，在视觉上给消费者带去一丝凉爽感，或者直接将带有降温性质的东西运用在画面中。

**设计理念**：这是一款产品的宣传 Banner 设计。整个版式以卡通简笔画的形式呈现，具有很强的趣味性。将主标题摆放在画面中间，十分醒目，对产品进行了直接的宣传。

这是一款饮料的详情页设计。将产品以倾斜的方式摆放在画面右侧，而且在飞溅的水珠与冰块的烘托下，给人以极强的凉爽之感。绿色的背景既与产品包装色调相一致，同时也凸显出店铺注重环保、健康的经营理念。左侧主次分明的文字对产品进行了说明，同时也增强了整体的细节感。

RGB=48,169,123 CMYK=74,13,64,0
RGB=255,255,255 CMYK=0,0,0,0
RGB=48,106,60 CMYK=83,49,93,12
RGB=222,56,52 CMYK=15,90,79,0

**色彩点评**：整体以不同纯度的蓝色为主色调，既给人以清新凉爽之感，而且将海面、天空、冰块等清楚地呈现，给人以很强的空间立体感。

① 给人带来惬意与舒适的视觉感受，让消费者产生很强的购买欲望。

② 经过特殊设计的立体主标题文字与画面整体格调相一致，而其他小文字则进行了相应的说明。

RGB=193,228,247 CMYK=29,3,3,0
RGB=68,154,212 CMYK=71,31,7,0
RGB=255,255,255 CMYK=0,0,0,0
RGB=236,157,43 CMYK=10,47,86,0

这是一款牙刷的宣传广告设计效果。将产品放大后以倾斜的方式摆放在画面中，给消费者以直观的视觉印象。从顶部倾泻而下的水，给人一种口腔极其清爽干净的视觉感受。牙刷上方多彩的立体文字极具创意与趣味性，具有很好的宣传效果。右下角的文字，对产品进行了相应的说明。

RGB=40,170,187 CMYK=73,17,29,0
RGB=83,196,205 CMYK=64,4,26,0
RGB=255,255,255 CMYK=0,0,0,0
RGB=156,103,154 CMYK=48,67,18,0
RGB=238,52,44 CMYK=6,91,82,0
RGB=237,198,113 CMYK=11,27,62,0
RGB=110,192,148 CMYK=60,6,53,0

## 凉爽类的电商美工视觉形象设计技巧——借助熟知物件凸显产品特性

在对一些比较抽象化类型的电商美工进行视觉形象设计时，为了让消费者有更加直观的视觉印象与体验，可以借助人人熟知的相关物件，从侧面来展现产品的特性与功能。比如，借助花朵来凸显产品的味道；借助冰块来展现产品具有的凉爽惬意感。

这是一款冰激凌的详情页设计。将产品进行放大后直接在画面中间位置展现，具有很强的视觉冲击力。

在夏季来一口冰激凌是一件十分惬意的事情，好像所有的炎热都被一扫而光。产品上方流动的果汁液体，极大地刺激了消费者的购买欲望，而且极具视觉动感效果。

右侧以并置型版式呈现的其他口味产品具有很好的宣传效果。产品周围的文字对其进行了一定的说明。

这是一款食品的宣传 Banner 设计展示效果。将产品以倾斜的方式摆放在画面中，将每一个细节直接展现在消费者面前，给其直观的视觉印象。

正常来说，面条不能带给人太大的视觉感受，但是冰块的添加，既让人们知道季节和时间，同时又让炎炎夏日在瞬间变得凉爽起来。

少面积橙色的点缀，为单调的画面增添了一抹亮色。主次分明的文字具有很好的宣传效果，同时丰富了整体的细节感。

## 配色方案

双色配色　　　　　　　三色配色　　　　　　　四色配色

## 凉爽类视觉形象设计赏析

# 6.6 高端

高端产品深受广大受众追求。这不仅仅是因为产品具有很好的质感，而且也是个人身份与地位的象征。所以在对高端类型的电商美工进行视觉形象设计时，一定要将产品的相应特性凸显出来，这样才能吸引消费者的注意力。

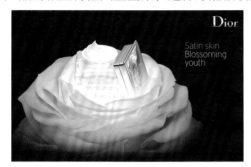

设计理念：这是一款面霜的产品宣传页面设计。采用直接展示的手法，将面霜放置在玫瑰花蕊部分，表现出产品的香气与原料，给人一种优雅、芬芳、浪漫的感觉。

色彩点评：黑色作为背景色，色彩深沉，打造出神秘、高端的风格。而粉色作为主体色，呈现雅致、秀丽的视觉效果。

🌹 玫瑰中心向外照射的柔和的暖白色光芒，使产品具有高光效果，在深色背景的衬托下更加明亮、醒目。

📝 主次分明的品牌文字与内容文字具有解释说明的作用，便于消费者了解产品。

RGB=0,0,0 CMYK=93,88,89,80

RGB=237,164,168 CMYK=8,46,24,0

RGB=249,213,208 CMYK=2,23,15,0

RGB=198,163,127 CMYK=28,39,51,0

RGB=255,255,255 CMYK=0,0,0,0

这是一款沙发的宣传 Banner 设计展示。将产品的局部细节放大作为展示主图，一方面让消费者通过细节对产品有更为详细的了解；另一方面尽显产品的高端与时尚。红色系的渐变背景与沙发本色相一致，具有很强的视觉统一感。左侧的白色文字，对产品进行了相应的解释说明。

RGB=220,121,124 CMYK=17,64,41,0

RGB=141,54,60 CMYK=49,89,75,15

RGB=255,255,255 CMYK=0,0,0,0

RGB=24,21,27 CMYK=86,85,76,66

这是一款化妆品的详情页设计。将产品摆放在画面中间位置，给消费者以清晰直观的视觉印象。除了展现产品的全貌之外，对内部质地效果也进行直接的呈现，而且流动的液体给人以很强的视觉动感，在深色背景的衬托下，尽显产品的精致与大气。

RGB=16,23,45 CMYK=96,94,65,54

RGB=66,90,120 CMYK=82,67,42,3

RGB=183,191,199 CMYK=33,22,18,0

RGB=216,179,161 CMYK=19,34,34,0

## 高端电商美工视觉形象设计技巧——凸显产品质感

高端产品最直观的视觉感受就是具有很强的质感，而消费者进行购买也是基于这一点。所以在对该类型的产品进行视觉形象设计时，要从产品的质感出发，抓住消费者的心理，最大限度地激发其购买的欲望。

这是一款汽车的 Banner 设计。将产品直接摆放在画面下方位置，在底部投影的衬托下，给人以很强的空间立体感，极具视觉冲击力。

红色系的背景与车身颜色，让整个画面给人以统一和谐的感受，而且也凸显出汽车高端、奢侈的质感。

背景中间少面积白色的运用，将文字清晰地展现出来，使消费者一目了然，而且也提高了整个画面的亮度。

这是一款香水的产品宣传广告设计。采用满版型的构图方式，将产品放在画面中央，并通过朦胧的雨林背景打造清幽、清冷、出尘的风格，表现产品的特点。林间透出的阳光照射在产品上方，体现出产品的耀眼夺目。

## 配色方案

双色配色

三色配色

四色配色

## 高端类视觉形象设计赏析

# 6.7 可爱

儿童产品大多给人可爱、活泼的视觉感受。所以在对这类的产品电商美工进行视觉形象设计时，一定要从孩子的角度出发，以孩子的喜好和年龄段特征作为出发点。只有这样才能吸引消费者的注意力，激发其购买的欲望。

**设计理念**：这是一款儿童水杯的详情页设计。将产品以同一个倾斜角度摆放在画面中，给消费者以清晰直观的视觉印象。而且超出画面的部分具有很强的视觉延展性与活跃感。

**色彩点评**：以蓝色作为背景主色调，一方面将各种不同颜色的水杯展现出来；另一方面给人以安全健康的视觉感受，增强其对店铺以及品牌的信赖感。

🔵① 水杯的颜色可将其呈现出可爱、活泼等的特征。两侧的手柄设计，方便儿童喝水。

🔵② 最前方的白色主标题文字具有很好的宣传效果，而其他文字则对产品进行了相应的说明。

- RGB=28,158,204 CMYK=75,26,16,0
- RGB=201,64,145 CMYK=28,86,11,0
- RGB=149,121,182 CMYK=51,58,5,0
- RGB=145,175,80 CMYK=51,21,81,0
- RGB=255,255,255 CMYK=0,0,0,0

这是一个儿童教学的网站首页设计。将卡通熊作为主体形象放在版面中央，绿植、太阳、云朵、小鸟等元素围绕其进行摆放，使画面动静结合，更具生命力。不同层次的文字采用骨骼型构图方式，形成规整有序的排列方式，便于观者了解信息。

- RGB=255,255,255 CMYK=0,0,0,0
- RGB=251,175,86 CMYK=3,41,69,0
- RGB=145,81,60 CMYK=48,75,80,11
- RGB=134,198,146 CMYK=53,6,53,0
- RGB=83,64,147 CMYK=80,84,12,0

这是一家线上甜甜圈购买网站的产品详情页设计。通过白色与山茶红色的搭配，形成简约、甜美、可爱的页面风格，并将不同款的甜甜圈放在背景中虚化处理，使画面虚实结合，更具变化与吸引力。

- RGB=232,95,106 CMYK=10,76,46,0
- RGB=255,255,255 CMYK=0,0,0,0
- RGB=190,190,190 CMYK=29,23,22,0
- RGB=116,230,243 CMYK=50,0,14,0
- RGB=253,255,24 CMYK=11,0,82,0

## 可爱类的电商美工视觉形象设计技巧——多用亮丽的色彩

可爱类产品的电商一般多以儿童产品为主。所以在对该类型的电商美工进行视觉形象设计时，要抓住儿童对事物好奇且本身活泼好动的特性，多采用亮丽的色彩。一方面可以很好地激发其探索欲望；另一方面也非常引人注意，具有很好的宣传效果。

这是一幅儿童节的宣传海报设计。将文字以白底矩形作为载体进行呈现，具有很强的视觉聚拢感，十分醒目。

蓝色系背景的运用，给人以清新明朗的视觉感受。特别是各种亮色球体的添加，让单调的背景瞬间丰富起来，营造了一种活跃、积极的氛围。

以球体颜色作为主标题文字的主色调，让整个画面整齐统一。小文字则具有解释说明与丰富画面细节的效果。

这是一家在线儿童教育的网页设计。以卡通小象作为主体人物出现，给人带来可爱、活泼的视觉感受。背景使用了青色与深青色的渐变，以及红色与橙色、橙色与黄色等共三组渐变效果，形成丰富、绚丽的色彩层次，使整个页面给人以鲜活、明快、年轻、清新的感觉。

## 配色方案

双色配色

三色配色

四色配色

## 可爱类视觉形象设计赏析

# 6.8 品质

随着社会的迅速发展，人们也越来越追求高品质的生活。比如，使用高端化妆品、为生活提供便利的高科技电器等。所以在对品质类型的电商美工进行视觉形象设计时，要尽可能展现产品具有的品质特性，这样才能吸引更多消费者的注意力。

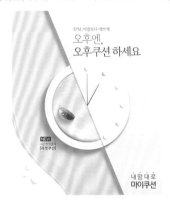

设计理念：这是一款化妆品的宣传广告设计。采用分割型的构图方式，将产品清晰明了地呈现在消费者面前，给其直观的视觉印象。

色彩点评：整体以产品本色为主色调，而且在淡青色的对比中，给人以柔和的视觉感受，凸显产品。

① 将产品以钟表的形式呈现，一方面将产品细节进行直接的呈现，而且流动的粉底质地给人以很强的视觉动感；另一方面也凸显产品长久的持妆效果，给人以高端时尚的视觉感受。

② 右上角的主标题文字具有很好的宣传效果。产品附近的文字则对产品进行相应的解释与说明。

RGB=196,225,207 CMYK=29,4,24,0
RGB=234,195,167 CMYK=11,29,34,0
RGB=67,113,65 CMYK=78,47,90,8
RGB=34,21,12 CMYK=78,82,90,69
RGB=255,255,255 CMYK=0,0,0,0

这是一款口红的详情页设计。以口红质地作为背景，而且流动的液体给人很强的视觉动感。同时也凸显产品的高端与奢华。好像从高空坠落的产品，在背景中具有很强的回弹感。右侧主次分明的文字对产品进行了说明。

■ RGB=126,34,36 CMYK=50,96,92,27
RGB=239,205,160 CMYK=9,24,40,0
□ RGB=255,255,255 CMYK=0,0,0,0
■ RGB=2,3,2 CMYK=92,87,88,79

这是一款吊灯的 Banner 设计。将不同的产品在画面的左右两端进行呈现，给消费者以清晰直观的视觉印象。在深色背景的衬托下，尽显产品的精致与时尚。绿色的灯罩十分醒目，给画面增添了一抹亮丽的色彩。产品中间部位的文字，具有很好的宣传效果。

■ RGB=52,48,70 CMYK=84,84,58,33
RGB=117,167,66 CMYK=61,21,90,0
■ RGB=22,19,19 CMYK=85,82,82,70
■ RGB=229,111,113 CMYK=12,69,45,0
RGB=239,239,211 CMYK=9,5,22,0

## 品质类的电商美工视觉形象设计技巧——凸显产品特性

极具品质的电商美工，一般是比较高雅且具有格调的。所以在对该类型的电商美工进行视觉形象设计时，要将产品品质的特性凸显出来。这样既可以吸引更多消费者的注意力，也可以大大加强对产品的宣传与推广。

这是一款沙发的宣传 Banner 设计。采用分割型的构图方式，将背景一分为二。在不同纯度绿色的对比中，将产品清晰直观地展现出来，十分醒目。

产品的橘色与背景的绿色，在鲜明颜色对比中，凸显产品的精致与高雅。同时给人以清新亮丽的视觉感受。

左侧简单的文字对产品进行了解释与说明。适当的留白为消费者创造一个很好的阅读空间。

这是一款耳机的详情页设计。将产品作为展示主图，在画面中间位置进行直接呈现，给消费者以直观的视觉印象。

背景中的铬黄色与黑色，在鲜明的颜色对比中，给人以醒目的视觉感受，而且凸显产品的高端与时尚。

不同颜色的主标题文字，对产品具有很好的宣传与推广效果。其他字号小的文字，既对产品进行了解释与说明，同时也增强了整体的细节设计感。

## 配色方案

双色配色

三色配色

四色配色

## 品质类视觉形象设计赏析

# 6.9 复古

复古风格是借鉴过去元素，赋予产品新意。常见特性包括：暖色调或冷色调，引发怀旧感；使用手写、衬线或复古字体；利用旧照片、老式广告、复古图案等设计元素；并在纹理上展现一种时光流逝的感觉。所以在对该类型的电商美工进行视觉形象设计时，一定要凸显复古的特性与风格。

设计理念：这是一款午餐手提包的Banner 页面设计。将产品与餐桌倾斜摆放，形成较强的不稳定感与动感，使画面更加鲜活，左侧主次分明的文字将信息清晰传递。

色彩点评：米色作为主色，色彩柔和、温暖，给人一种安心、温馨的感觉。

① 琥珀色作为辅助色，色彩相对于米色纯度较高，形成较强的视觉重量感，使画面更加吸睛。

② 右下角爆炸图形采用冷色调的蓝色进行设计，一方面增添了俏皮、活泼的气息，同时使画面色彩形成冷暖对比，强化了画面的冲击力。

RGB=241,208,163 CMYK=8,23,39,0
RGB=196,164,130 CMYK=29,38,49,0
RGB=217,105,55 CMYK=18,71,82,0
RGB=16,16,16 CMYK=87,83,83,72
RGB=149,166,212 CMYK=48,32,4,0
RGB=255,255,255 CMYK=0,0,0,0

这是一款装饰品的详情页设计。将产品以放大的形式直接在画面右侧进行呈现，将产品的花瓣纹路以及整体走向直观地展现在消费者面前。金属色泽在深色背景的衬托下十分醒目，具有很强的复古格调。文字和产品之间的适当留白，为消费者营造了一个很好的阅读空间。

RGB=27,27,26 CMYK=84,80,80,65
RGB=234,205,174 CMYK=11,23,33,0
RGB=255,255,255 CMYK=0,0,0,0
RGB=140,92,51 CMYK=51,68,89,12

这是一款老式相机的宣传 Banner 设计。将产品直接在画面中进行呈现，十分醒目。在不同纯度橙色背景的衬托下，既凸显出产品的复古格调，又不失时尚与活跃。左侧主次分明的白色文字，对产品具有很好的宣传效果。

RGB=243,123,105 CMYK=4,65,52,0
RGB=244,123,83 CMYK=3,65,64,0
RGB=255,255,255 CMYK=0,0,0,0
RGB=7,6,6 CMYK=90,86,86,77

## 复古类的电商美工视觉形象设计技巧——注重氛围的营造

在进行复古类的电商美工视觉形象设计时，一定要注重复古风格格调氛围的营造。色彩因具有直观的视觉冲击力，所以人们对色彩的感知是比较强烈的。复古风格不仅可以提高消费者的辨识能力，也可以让相应的店铺脱颖而出，具有很好的宣传与推广效果。

这是一款耳机的详情页设计。将产品以倾斜的方式摆放在画面中间位置，给消费者以直观的视觉印象。

浅棕色的背景，凸显产品。在与产品颜色的对比中，复古情调更浓郁。同时适当的光照增强了整体的空间立体感。

右下角简单的白色文字，既对产品进行了相应的解释与说明，同时也有丰富整体的细节效果。

这是一个租房网站的首页设计。通过沙发、盆栽、茶几的摆放营造温馨、安静、安心的生活氛围，为游客带来舒适、惬意的视觉感受，从而吸引其进行选择与消费。水墨蓝色彩明度与纯度较低，具有含蓄、内敛的视觉效果，极具复古气息。

## 配色方案

双色配色

三色配色

四色配色

## 复古类视觉形象设计赏析

# 第 7 章

# 电商美工设计的秘籍

店铺形象是整体产品宣传的外在可视形象，既可以引发人的思考传播形态，也对产品的销售与宣传起到决定作用。

所以在对电商美工进行设计时一定要从店铺本身出发，以店铺的发展方向为立足点，让设计尽可能地与企业整体文化思想、经营模式、管理理念等相吻合。只有这样，通过各种产品展示效果，店铺才能脱颖而出，加深消费者的认知。

# 7.1 图文结合使信息传达最大化

随着社会发展的不断加速，受众的阅读习惯也由原来的大段文字阅读转换为先看图再看其他辅助性的说明性文字。所以在对电商美工进行设计时，一定要做到图文结合，将产品作为展示主图，然后结合相应的文字，使受众在最短的时间内接收到最大化的信息量。

**设计理念：** 这是一款食品的详情页设计。采用折线跳跃的构图方式，将产品直接展现在消费者面前，给其清晰直观的视觉印象。

**色彩点评：** 整体以黄色为主色调，在不同纯度之间形成对比，将产品很好地展现出来，而且让消费者的视觉也得到缓冲。

🔴1 右侧以大图展示的产品，采用折线跳跃的构图方式，具有很好的视觉动感。少量白色简笔画的装饰，为整个画面增添了不少趣味性。

🔴2 左侧主次分明的文字，既对产品进行了一定的解释与说明，同时也丰富了整体的细节效果。

RGB=248,241,212 CMYK=5,6,21,0

RGB=243,206,64 CMYK=10,22,79,0

RGB=219,138,65 CMYK=18,55,78,0

RGB=96,39,29 CMYK=56,88,92,42

RGB=44,43,37 CMYK=79,74,80,54

这是一家家居购物网站的首页设计。采用直接展示的方式将茶桌放置在画面中央，使观者一目了然。后侧的粉蓝渐变圆形作为载体，给人一种梦幻、浪漫、清新的感觉，并带来舒适、惬意的视觉体验。

RGB=250,225,221 CMYK=2,17,11,0

RGB=214,218,229 CMYK=19,13,7,0

RGB=243,182,181 CMYK=5,38,21,0

RGB=200,227,246 CMYK=26,5,2,0

RGB=255,128,139 CMYK=0,64,31,0

RGB=193,162,133 CMYK=30,39,47,0

这是一款饮品的网站首页设计。将不同水果与果汁飞溅的图像倾斜摆放，增强了画面的活跃感。白色与绿色作为主色，给人以清爽、简约、充满生机的感觉。

RGB=174,233,177 CMYK=38,0,42,0

RGB=255,255,255 CMYK=0,0,0,0

RGB=61,79,39 CMYK=78,59,100,31

RGB=244,162,37 CMYK=6,46,86,0

RGB=236,48,62 CMYK=7,91,70,0

RGB=34,41,33 CMYK=83,73,83,57

# 7.2 运用对比色彩增强视觉刺激

色彩是视觉元素中对视觉刺激最敏感、反应最快的视觉信息符号，所以人在感知信息时，色彩的效果要优于其他形态。比如可口可乐的红色、百事可乐的蓝色和红色，这些都给人以强烈的视觉刺激，使人难以忘怀。所以，适当运用对比色彩，可以给受众留下深刻的视觉印象。

**设计理念**：这是一家线上订购汉堡的网站宣传页设计。通过色块对画面进行分割，并将产品放在中央分界处，形成极强的视觉吸引力。

**色彩点评**：背景采用紫色与橙黄色进行设计，两种色彩形成极强的对比色对比，给人带来强烈的视觉刺激。

① 汉堡倾斜摆放，同时以上方闪电与王冠的简约图形作为装饰，使其更加生动，增强了画面的活泼感。同时王冠图形的出现也体现出产品独一无二的销量与美味。

② 文字采用白底紫色描边的设计，与上半部分板块形成呼应，同时表现其重要性，具有较强的视觉吸引力。

■ RGB=98,12,86 CMYK=74,100,50,12
■ RGB=236,140,49 CMYK=9,56,83,0
■ RGB=255,162,0 CMYK=0,47,91,0
■ RGB=185,0,2 CMYK=35,100,100,2
□ RGB=255,255,255 CMYK=0,0,0,0

这是一款食品的详情页设计。采用折线跳跃的构图方式，而且产品下方还跨出画面，使画面活跃，具有很强的视觉延展性。整体以青色为主色调，与包装的黄色形成鲜明的颜色对比，将产品清晰直观地展现出来，让人一目了然。右侧的白色文字在背景的衬托下，也十分明显地对信息进行传达。

■ RGB=38,177,190 CMYK=72,12,30,0
■ RGB=242,211,102 CMYK=10,20,66,0
■ RGB=229,205,170 CMYK=13,22,36,0
□ RGB=255,255,255 CMYK=0,0,0,0
■ RGB=204,85,157 CMYK=26,78,7,0

这是一款冰激凌的产品详情页设计。采用上下分割的构图方式，使奶黄色与天蓝色间形成鲜明对比，给人带来强烈的视觉冲击。扬起的牛奶增强了画面的鲜活感，令人联想到夏季食用该产品给其带来的凉爽、惬意感受，具有较为直观、清晰的宣传效果。

■ RGB=242,231,174 CMYK=9,10,39,0
■ RGB=83,188,235 CMYK=63,11,6,0
■ RGB=253,196,0 CMYK=4,29,90,0
■ RGB=244,162,37 CMYK=6,46,86,0
■ RGB=236,48,62 CMYK=7,91,70,0
■ RGB=71,41,43 CMYK=67,82,74,48

# 7.3 以模特展示呈现最佳立体空间效果

人们在日常选购商品时，都倾向于观看实物的立体展示效果，这不仅可以让消费者从不同的角度尽可能详细地观察产品细节，而且可以增强消费者对产品的体验感。

**设计理念**：这是一家服装店的服饰详情展示页面设计。在画面中间展现出模特穿着服饰效果，给消费者带来最为直观的视觉感受。

**色彩点评**：整体画面以亮灰色为主色调，通过不同纯度的无彩色的变化，丰富画面的视觉吸引力，呈现冷淡风效果。

🔵①模特身着的毛衫作为画面中仅有的彩色，通过淡蓝色点缀画面，增添了些许清新、淡雅的气息。同时与整体色彩形成和谐、自然的色彩搭配。

🔵②主次分明的文字采用白色与黑色进行设计，与整体色调形成统一关系，同时清晰地传递了信息。

- RGB=238,238,238 CMYK=8,6,6,0
- RGB=74,74,74 CMYK=74,68,65,25
- RGB=0,0,0 CMYK=93,88,89,80
- RGB=255,255,255 CMYK=0,0,0,0
- RGB=204,219,238 CMYK=24,11,3,0

这是一款女包的产品展示页面设计。采用最直观的直接展示法将产品展现在消费者面前，并通过文字的介绍传递产品信息，给人以鲜明、清晰明了的感觉。

- RGB=219,200,183 CMYK=17,23,27,0
- RGB=232,227,224 CMYK=11,11,11,0
- RGB=69,80,82 CMYK=78,65,62,20
- RGB=195,159,123 CMYK=29,41,52,0

这是一家服装店的相关服饰展示页面设计。展现出不同服装的穿着效果，并通过简单的文字说明季节，给人直白、明了之感。

- RGB=255,245,243 CMYK=0,7,4,0
- RGB=2,2,2 CMYK=92,87,88,79
- RGB=173,155,141 CMYK=38,40,42,0

# 7.4 放大产品细节增强信任感

人们在网上浏览各种店铺与网页时，总希望看到与产品相关的细节，特别是一些精致、奢华的产品。其实大多数产品以整体概貌的形式呈现时，给人的视觉冲击力并没有那么强烈。如果将产品的一些细节进行放大展示，不仅可以让消费者对产品有进一步的了解，同时还极大地增强了其对店铺以及品牌的信任感与好感度，而这对电商来说是至关重要的。

**设计理念：** 这是一个水果店铺产品的详情页设计展示效果。采用中心型的构图方式，将产品直接摆放在画面中间位置，给消费者以清晰直观的视觉印象。

**色彩点评：** 整体以青色为主色，与产品的红色形成鲜明的颜色对比，将其很好地展现出来。少量绿色的点缀，既表明了产品的新鲜与健康，同时也丰富了整体的色彩搭配。

1 将产品以原貌与内部效果相结合的方式进行展示，而且进行放大处理，让消费者对产品内部果肉有一个直观的视觉感受。

2 在产品后面的白色主标题文字十分醒目，具有很好的宣传效果。

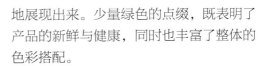

RGB=109,199,176 CMYK=58,2,40,0
RGB=232,42,44 CMYK=9,93,83,0
RGB=104,155,71 CMYK=66,27,88,0
RGB=255,255,255 CMYK=0,0,0,0

这是一款食品的详情页设计展示效果。采用文字在两端、图片在中间的构图方式，在适当的留白中将产品进行清楚的呈现。特别是产品中间放大处理，将每一个细节都直观地展现在消费者面前，很容易让人对店铺产生信赖。产品左侧缩小版的人物，以讲话的方式对产品进行说明，趣味性十足。

RGB=244,202,61 CMYK=9,25,80,0
RGB=122,118,117 CMYK=60,53,51,0
RGB=165,58,46 CMYK=42,89,90,7
RGB=3,3,3 CMYK=92,87,88,79

这是一款食品的详情页设计展示效果。将放大的产品直接作为展示主图，而且将内部质地也进行清晰呈现，使消费者一目了然。产品上方的白色曲线，让整个画面具有较强的趣味性。左侧主次分明的文字对产品进行了一定的解释与说明。

RGB=219,217,218 CMYK=17,14,12,0
RGB=207,134,61 CMYK=24,56,81,0
RGB=86,82,86 CMYK=72,67,60,17

# 7.5 运用颜色情感凸显产品格调

众所周知，不同的色彩会给人不同的心理感受，让人产生丰富的联想，进而影响人的注意力和思维活动。不仅如此，色彩也可以凸显产品具有的格调与内涵，因此在进行设计时要选用能够反映产品格调与品牌内涵的色彩。

设计理念：这是一款护肤产品的详情页设计。采用满版型的构图方式，将产品和文字直接展现在消费者眼前，使其印象深刻。

色彩点评：整体以青色为主色调，给人清新亮丽的视觉印象。在小面积白色的衬托下，既将产品很好地展现出来，也提

这是一款润唇膏的宣传Banner设计。采用左右分割的构图方式，将产品以不同的摆放角度进行呈现，给人以极强的视觉动感。背景的粉色与产品形成同色系的颜色对比，将其很好地展现出来。蛋糕的装饰，一方面表明了产品的口味与可食用的特性；另一方面则用食物的美味来激发消费者的购买欲望，创意十足。

- RGB=227,193,219 CMYK=13,31,2,0
- RGB=213,45,45 CMYK=20,94,86,0
- RGB=243,232,228 CMYK=6,11,10,0
- RGB=213,141,126 CMYK=20,54,45,0

高了画面的整体亮度。

将不同种类产品以俯视的角度进行呈现，可以让消费者有一个清晰直观的认识。旁边绿色叶子的摆放，一方面与店铺的文化主题相吻合；另一方面凸显产品亲肤自然的特性。

黑色加粗的主标题文字，对信息具有很好的宣传效果，而其他文字则让整个画面极具细节设计感。

- RGB=170,204,203 CMYK=39,12,22,0
- RGB=133,193,164 CMYK=53,10,43,0
- RGB=43,79,44 CMYK=84,58,97,32
- RGB=232,230,231 CMYK=11,9,8,0
- RGB=88,42,24 CMYK=59,84,96,46
- RGB=48,50,49 CMYK=80,73,73,47

这是一款手表的详情页设计。此设计以产品正反面分别展现的形式，给消费者直观的视觉印象。黑色和橙色在对比中，既凸显产品，同时给人以年轻、有活力却不失时尚的视觉体验。

- RGB=16,15,15 CMYK=87,83,83,73
- RGB=255,255,255 CMYK=0,0,0,0
- RGB=223,79,63 CMYK=15,82,73,0

# 7.6 借助人们熟知的物品展现产品特性

我们在实体店购买商品时，可以通过触摸、嗅觉等来对商品进行感知。而线上购物只能通过观看来感知，对产品的销售有很大的局限性。所以在进行相应的美工设计时，可以借助人们熟悉的物品来间接体现产品特性。比如，体现一款护肤品的香味种类，可以在产品旁边放置一朵体现香味的花。

**设计理念**：这是一款护肤品的详情页设计。采用中心型的构图方式，将产品放置在画面中间，给消费者以清晰直观的视觉印象。

**色彩点评**：整体以单色为主色调，一

方面可以很好地凸显产品；另一方面展现产品亲肤柔和的特性。

● 放在画面中间位置的产品，只是展现其外观效果。两侧摆放的花朵既表明了产品的香味，同时也具有很好的装饰效果，凸显品牌的清淡雅致。

② 上下两端的文字，既对产品进行解释与说明，同时也丰富了画面的细节设计效果。

RGB=228,214,214 CMYK=13,18,13,0
RGB=249,239,236 CMYK=3,9,7,0
RGB=190,148,130 CMYK=31,47,46,0
RGB=120,133,169 CMYK=61,47,22,0
RGB=148,39,42 CMYK=45,96,92,15

这是一款饮料的详情页设计。采用折线跳跃的构图方式，将产品以倾斜的方式摆放在画面右侧，而且超出画面的部分给人以极强的视觉动感与延展性。产品周围悬浮飘动的柠檬，一方面与绿色形成鲜明的颜色对比；另一方面表明了产品的口味。左侧主次分明的文字，具有很好的解释说明与宣传作用。

RGB=90,190,132 CMYK=64,3,61,0
RGB=237,226,80 CMYK=15,9,76,0
RGB=255,255,255 CMYK=0,0,0,0
RGB=12,11,4 CMYK=88,83,91,76

这是一款巧克力的产品宣传页面设计。采用满版型的构图方式将巧克力放大处理。通过向下流淌的巧克力酱表现出巧克力细腻、浓郁的特点，让人联想到产品香醇、浓厚的口感。

RGB=229,200,132 CMYK=15,24,53,0
RGB=255,255,255 CMYK=0,0,0,0
RGB=89,42,22 CMYK=58,84,98,45

# 7.7 运用小的装饰物件丰富画面的细节效果

在一个画面中，如果只是一味地展示产品主图，虽然可以让消费者对其有一个较为直观的视觉印象，但也会让整体显得特别空旷。所以在进行美工设计时，一些必要的细节还是要有的。比如，可以用一些小的装饰物件，甚至简单的线条都会给人不一样的感觉。

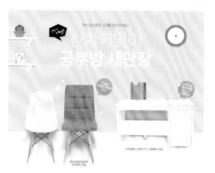

**设计理念**：这是一个家具店铺相关产品的详情页设计。采用满版型的构图方式，将产品和相关信息直接展现在消费者面前，给其以直观的视觉印象，具有很好的宣传与推广作用。

**色彩点评**：整体以单色为主色调，以浅蓝和浅黄拼接的背景，在对比中既将产品展现出来，而且具有一定的空间立体感。

🌀 放在画面下方的产品具有很直观的视觉效果。但是在家具、简笔画的整体配合下，不仅凸显产品，而且营造了一种家的温馨与幸福感，具有很强的细节设计感，创意十足。

🌀 白色的主标题文字，在蓝色背景下十分醒目，而产品旁边的文字则进行一定的解释与说明。

RGB=157,208,233 CMYK=42,9,8,0
RGB=239,240,188 CMYK=11,4,34,0
RGB=242,105,57 CMYK=5,72,77,0
RGB=203,227,180 CMYK=27,3,38,0
RGB=255,255,255 CMYK=0,0,0,0

这是一款产品的详情页设计。采用折线跳跃的构图方式，让整个画面具有很强的视觉动感与延展性。在产品周围海水波浪效果的添加，既与背景相呼应，也丰富了画面的细节感。以夸张手法缩小的人物，极具趣味性与创意感。简单的文字则对产品进行适当的解释，具有宣传推广效果。

这是一款产品的详情页设计。采用上下分割的构图方式，将产品以大图的形式摆放在画面中间位置，十分醒目。在黄色与红色的色彩对比中，给人以视觉冲击力。特别是背景中大小不一、橘色圆形的装饰，打破了背景的单调与乏味。白色的主标题文字具有很好的宣传作用。

RGB=173,224,246 CMYK=36,2,5,0
RGB=255,255,255 CMYK=0,0,0,0
RGB=164,158,156 CMYK=42,37,34,0
RGB=198,51,63 CMYK=28,92,74,0

RGB=244,196,62 CMYK=9,28,80,0
RGB=212,37,42 CMYK=21,96,88,0
RGB=255,255,255 CMYK=0,0,0,0
RGB=69,8,9 CMYK=61,98,100,59

# 7.8 尽可能少地对产品进行修饰，展现其本来面貌

随着社会的迅速发展，越来越多的人选择在网上购物，不仅方便快捷，还可以节省很多时间。但是网上的产品存在展示图片过度修整，与实际产品有一定差距而出现频繁退货等情况。所以在进行相应的美工设计时，要尽可能少地对产品进行修饰，以展现其本来面貌。

**设计理念：**这是一款女士单肩包的详情页设计。采用对角线的构图方式，将产品和相关文字清晰直观地展现在消费者面前。

**色彩点评：**整体以黄色为主色调。两种不同纯度的黄色拼接背景，既给人以视觉缓冲感，同时将产品很好地展现出来。

🔵 以不同角度进行原貌呈现的产品，让消费者对产品有一个清楚的认识。在适当投影的衬托下，营造了很强的空间立体感。

🔵 将主标题文字以黑色矩形框作为呈现载体，具有很好的视觉聚拢感与宣传效果。而在矩形框外的其他文字，则对产品进行了一定的说明。

- RGB=223,181,95 CMYK=18,33,68,0
- RGB=215,163,67 CMYK=21,41,79,0
- RGB=247,218,125 CMYK=8,17,58,0
- RGB=4,2,0 CMYK=92,87,88,79

这是一款化妆品的详情页设计。采用左右分割的构图方式，将产品进行放大处理后放在画面右侧，可以让消费者对产品原貌有一个清晰直观的认识。同时以产品的内部质地作为背景，具有视觉冲击力，使人印象深刻。左侧在主标题文字上下方的两条横线，具有很强的细节设计感。

- RGB=253,245,239 CMYK=1,6,7,0
- RGB=229,192,166 CMYK=13,30,34,0
- RGB=255,255,255 CMYK=0,0,0,0
- RGB=193,117,95 CMYK=30,63,61,0

这是一家水果店的产品详情页设计。将葡萄作为主体放在画面中间位置，可以使消费者直观地了解水果的品质、色泽、颗粒大小等。同时黄绿、嫩绿、墨绿等不同绿色调色彩与白色的搭配使整个页面呈现自然、清新、清爽的风格，为观者带来舒适、惬意的视觉感受。

- RGB=162,189,0 CMYK=46,15,100,0
- RGB=255,255,255 CMYK=0,0,0,0
- RGB=192,197,4 CMYK=35,16,96,0
- RGB=97,140,18 CMYK=69,36,100,0
- RGB=42,77,2 CMYK=83,58,100,33

# 7.9 以产品本色作为背景主色调，营造和谐统一感

整齐统一的画面，不仅给观者带来美的享受，而且也可以极大提升店铺的销售业绩。所以在进行美工设计时，可以以产品本色作为背景主色调，这样既可以减轻设计压力，同时也营造一种统一和谐的视觉体验。

**设计理念：** 这是一款与草莓相关食品的宣传海报设计。将产品的实拍图片作为展示主图，给消费者以清晰直观的视觉印象，十分醒目。

**色彩点评：** 整体以草莓的红色为主色调，在不同纯度的对比中，既凸显产品，同时也让消费者的视觉得到一定程度的缓冲。

🍓1 倾斜角度摆放并超出画面的产品，给人以视觉动感与延展性。在同色系背景的衬托下，具有很强的统一和谐感。

🍓2 小面积白色盘子和文字的运用，提高了画面的整体亮度，同时也让细节效果更加丰富。

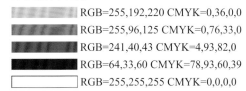

RGB=255,192,220 CMYK=0,36,0,0
RGB=255,96,125 CMYK=0,76,33,0
RGB=241,40,43 CMYK=4,93,82,0
RGB=64,33,60 CMYK=78,93,60,39
RGB=255,255,255 CMYK=0,0,0,0

这是一款鸡蛋的详情页设计。采用中心型的构图方式，将盛放在筐里的鸡蛋直接放置在画面中间位置，具有很强的视觉聚拢感。以鸡蛋本色作为背景主色调，既将产品清楚地展现出来，同时让整个画面具有很强的视觉统一感。产品周围简单的文字，具有解释说明与丰富画面细节效果的双重作用。

RGB=249,177,157 CMYK=2,41,34,0
RGB=212,122,76 CMYK=21,62,71,0
RGB=236,233,232 CMYK=9,9,8,0
RGB=111,72,44 CMYK=57,72,89,27
RGB=205,196,58 CMYK=28,20,85,0

这是一款食品的详情页设计。将不同产品放大后以前后错开的方式进行摆放，给消费者以清晰直观的视觉印象。以产品本色作为背景主色调，既凸显产品，同时让整个画面具有和谐统一感。

RGB=244,191,123 CMYK=7,32,55,0
RGB=235,178,103 CMYK=11,37,63,0
RGB=255,255,255 CMYK=0,0,0,0
RGB=242,122,51 CMYK=5,65,81,0
RGB=36,21,7 CMYK=76,82,94,69

# 7.10 将多种色彩进行巧妙的组合

色彩是视觉传达信息的一个重要因素，既能表达情感，又可以给人们带来不同的情绪、精神以及行动反应。所以在对电商美工进行设计时，色彩的调制与运用得当，不仅可以成为店铺宣传与推广的利器，还可以为消费者的生活增添无比的美感。

**设计理念**：这是一个店铺宣传文字的设计。采用中心型的构图方式将主标题文字摆放在画面中间位置，十分醒目，具有很好的宣传效果。

**色彩点评**：整体以多种颜色为主，背景由铬黄色到洋红色的渐变过渡，与在画面中间的紫色矩形形成鲜明的颜色对比，给人以较强的视觉冲击力。

🔴 背景中大小不一的黄色正圆和紫色倾斜直线，打破了画面的单调与乏味，同时增添了活力与动感。

🔵 画面中间位置的黄色主标题文字，在紫色背景的衬托下十分醒目。不同颜色的文字重叠错开摆放，营造了很强的空间立体感。

RGB=254,210,22 CMYK=5,22,87,0
RGB=255,248,62 CMYK=8,0,77,0
RGB=90,11,225 CMYK=82,82,0,0
RGB=252,43,170 CMYK=8,85,0,0
RGB=254,124,95 CMYK=0,65,57,0

这是一家专卖店的产品详情页设计。采用自由式的构图方式将不同的手提包与太阳镜产品一一展示，使消费者可以充分了解并挑选产品。红柿色、青蓝色、黄色等高纯度色彩的搭配形成鲜活、休闲的风格，给人带来极强的视觉冲击力。

RGB=250,135,106 CMYK=1,61,54,0
RGB=255,255,255 CMYK=0,0,0,0
RGB=56,124,189 CMYK=78,48,9,0
RGB=250,249,140 CMYK=9,0,54,0
RGB=21,23,35 CMYK=90,88,71,61

这是箱包店铺相关产品的宣传Banner设计。以红色和紫色作为背景主色调，在对比中将产品和文字很好地展现出来。以紫色的几何图形作为文字展示的载体，既与背景相统一，同时也与文字颜色形成对比，使其具有很好的宣传与推广效果。整个画面将多种颜色进行巧妙组合，给受众以视觉冲击。

RGB=211,28,36 CMYK=21,98,93,0
RGB=253,243,56 CMYK=8,1,80,0
RGB=84,5,98 CMYK=84,100,51,7
RGB=255,255,255 CMYK=0,0,0,0
RGB=39,55,84 CMYK=91,83,53,22

# 7.11 结合消费者对产品的需求与嗜好

每一个店铺都有特定的消费群体与消费对象，而且他们对品牌的需求与嗜好也不尽相同。所以在进行美工设计时，一定要从消费者的立场出发，多站在消费者的角度进行考虑。比如，消费者在选择水果蔬菜时最看重的就是产品是否足够新鲜，此时我们就可以使用能够营造这种视觉氛围的颜色来满足其需求。

设计理念：这是蔬菜店铺产品宣传的海报设计展示效果。采用中心型的构图方式将产品以心形外观进行呈现，给消费者以直观的视觉体验。

色彩点评：整体以绿色作为主色调，

这是一款护肤品的详情展示页设计。采用满版型的构图方式将产品放在页面右侧，并通过汹涌的水流表现水润、清透的特点，以吸引消费者的目光。整个画面以青色为主色调，洋溢着莹润、通透的气息，给人以典雅、端庄的感觉。

绿色与白色拼接的背景，在对比中既凸显产品，同时也给人以清新天然的视觉印象。

🔵1 将各种蔬菜以心形为外观进行呈现，一方面让消费者对产品有更加清晰的认识；另一方面凸显店铺用心服务的经营理念。

🔵2 倾斜摆放的白色餐具，为画面增添了动感与活跃氛围，同时也提高了整体的亮度。主次分明的文字则对产品进行了说明，同时提高了细节设计感。

RGB=241,241,239 CMYK=7,5,6,0
RGB=193,213,144 CMYK=32,9,53,0
RGB=112,157,54 CMYK=64,27,97,0
RGB=255,255,255 CMYK=0,0,0,0

这是一款手表的宣传 Banner 设计展示效果。以紫色和蓝色作为背景主色调，在渐变过渡中将产品具有的科技与智能直接呈现在消费者面前，具有很强的视觉冲击力。摆放在画面右侧的产品，在周围立体图形的衬托下，具有很强的活力与立体动感。

■ RGB=4,17,15 CMYK=92,82,85,73
■ RGB=90,112,125 CMYK=73,54,46,1
■ RGB=0,127,136 CMYK=84,41,47,0
■ RGB=164,210,218 CMYK=41,8,16,0

■ RGB=76,69,156 CMYK=82,81,6,0
■ RGB=110,203,217 CMYK=57,3,20,0
■ RGB=34,93,171 CMYK=88,65,7,0
■ RGB=43,48,64 CMYK=86,81,62,38

# 7.12 凸显产品的亮点与特性

每一个店铺甚至每一件产品都有属于自己的亮点与特性。所以在进行美工设计时，要将这些重点凸显出来既有利于消费者对产品有更为直接准确的了解，也可以增强其对产品以及品牌的信任感与好感度。

**设计理念**：这是一家家居装修网站的展示页设计。将不规则色块与圆形作为实景图展示载体，展现出厨房空间的全景、局部特写等不同位置的装修效果。

**色彩点评**：灰驼色作为页面主色，色彩纯度与明度较低，通过与白色的搭配形成典雅、极简的视觉效果。

➊ 画面中不同位置的实景图呈现出不同的透明度效果，通过虚实结合的对比，将主要表现的效果展现在观者面前，充分体现出设计特色与风格。

➋ 文字部分根据背景色调进行设计，使其清晰、醒目，有效传递信息。

- RGB=255,255,255 CMYK=0,0,0,0
- RGB=161,147,133 CMYK=44,42,46,0
- RGB=83,70,57 CMYK=68,68,76,32
- RGB=246,154,26 CMYK=4,51,89,0

这是一款护肤品的详情页设计。以模特使用该产品的实景拍摄图像作为展示主图，将产品质地与效果直接展现在消费者面前。消费者在观看的时候有一种很强的身临其境之感，激发其购买欲望。在模特手下方的红色和紫色相拼接的倾斜背景，具有很强的视觉聚拢感。

- RGB=242,114,115 CMYK=5,69,44,0
- RGB=135,137,194 CMYK=55,47,5,0
- RGB=255,255,255 CMYK=0,0,0,0
- RGB=211,176,161 CMYK=21,35,34,0

这是一款植物护发素的在线购买网站首页设计。采用满版型的构图方式，将天然植物放大至填满版面，使整个页面呈现生机盎然的视觉效果。点缀其上的几朵小花增添活泼感，表现出护发素中天然植物含量之高，带来天然、健康、安心之感的同时增强信任感。

- RGB=143,177,125 CMYK=51,21,59,0
- RGB=83,132,56 CMYK=73,39,98,1
- RGB=23,44,12 CMYK=86,69,100,58
- RGB=255,255,255 CMYK=0,0,0,0
- RGB=176,191,57 CMYK=41,17,88,0

# 7.13 排版文字要主次分明，简单易懂

在这个快节奏的社会生活中，人们更加偏向于图像阅读。因为图像给人以更直观的视觉体验效果，而且还能加快阅读速度。虽然图像阅读已成为一种趋势，但也不能把文字弃之不用，相反文字还是必不可少的。所以在进行电商美工设计时，文字排版一定要整齐美观、主次分明，做到图文的完美结合，让产品信息传达最大化。

设计理念：这是一款女士包包店铺的产品详情页设计。将产品以倾斜的角度摆放在右侧，在浅色背景的衬托下十分醒目。超出画面的设计，具有很强的视觉延展性。

色彩点评：浅色背景与包包颜色形成对比，凸显产品，而且也让消费者的视觉

得到一定程度的缓冲。

❶产品左侧的黑色品牌文字，以较大的字号进行呈现，既对品牌进行了宣传与推广，同时与其他文字相区别，使人印象深刻。

❷在同一版面的黑色赠送礼物挂饰与文字，虽然简单，但排版整齐统一，使人一目了然。

RGB=220,233,233 CMYK=17,5,10,0
RGB=184,206,211 CMYK=33,13,16,0
RGB=161,170,185 CMYK=43,30,21,0
RGB=11,8,15 CMYK=90,88,81,73

这是一款护肤品的详情页设计。采用倾斜型的构图版式，将产品和文字以不同的角度进行倾斜摆放，以达到整体的平衡状态。在中间位置并超出画面的产品，具有活跃动感，给人以视觉延展性。分为三行来呈现的文字，提供了很好的阅读体验，而且主次分明，并将信息进行清晰直观的传达。

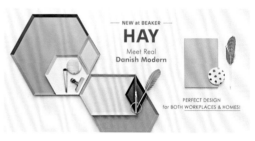

这是一款产品的宣传 Banner 设计。将产品直接以大图形式进行呈现，给人以直观的视觉印象。主次分明的文字，既具有很好的宣传作用，同时丰富画面的细节效果。

RGB=233,239,232 CMYK=11,4,11,0
RGB=104,190,149 CMYK=61,6,52,0
RGB=211,209,117 CMYK=25,15,63,0
RGB=60,100,11 CMYK=80,51,100,17

RGB=246,239,228 CMYK=5,7,12,0
RGB=245,219,190 CMYK=5,18,27,0
RGB=255,145,129 CMYK=0,57,42,0
RGB=108,186,198 CMYK=59,13,25,0
RGB=168,198,226 CMYK=39,17,7,0

# 7.14 适当留白突出产品

所谓留白，就是在设计中留下一定的空白，当然这不一定必须是白色。留白最主要的作用就是突出主题，集中消费者的注意力。适当的留白还会增加空间感，给消费者营造一个很好的阅读环境，同时也为信息的表达与传递提供了便利。

**设计理念：** 这是一款相机的产品详情页设计。采用左右分割的构图方式将产品倾斜摆放在分界线处，使画面更具动感。画面左右两侧较大的留白，为消费者的阅读提供了空间。

**色彩点评：** 白色与紫色作为背景色进行搭配，通过一明一暗的对比，使画面具有较强的视觉冲击力。

➊ 主次分明的文字采用左对齐的方式进行排版，形成工整有序的视觉效果，便于观者了解信息。

➋ 相机产品位于画面的视觉焦点位置，具有较强的视觉吸引力。因此放大处理可以很好地展示不同位置的细节，使消费者更为全面地了解相机构造与细节。

- RGB=255,255,255 CMYK=0,0,0,0
- RGB=148,41,91 CMYK=52,96,49,4
- RGB=78,25,51 CMYK=68,96,64,43
- RGB=14,12,16 CMYK=89,86,81,73

这是一个店铺相关产品的宣传Banner设计。采用左右分割的构图方式，将产品以不同的倾斜角度摆放在右侧位置，在适当投影的衬托下，具有很强的空间立体感。左侧少量的文字在周围留白的烘托下十分醒目，而且主次分明，对店铺以及品牌具有积极的宣传与推广作用。

- RGB=209,208,197 CMYK=22,17,23,0
- RGB=171,188,185 CMYK=38,21,27,0
- RGB=85,81,77 CMYK=71,65,66,21

这是一款化妆品的宣传Banner设计。采用左右分割的构图方式，将内容完美呈现。产品和文字之间有较大面积的留白，为消费者浏览阅读提供了很好的空间。并排摆放的产品，在高低起伏之间给人以直观的视觉感受。

- RGB=225,229,232 CMYK=14,9,8,0
- RGB=255,255,255 CMYK=0,0,0,0
- RGB=245,203,170 CMYK=5,27,33,0
- RGB=145,191,203 CMYK=48,16,20,0
- RGB=12,61,117 CMYK=99,86,37,2

# 7.15 利用几何图形增加视觉聚拢感

人们观看物体时，总有一个视觉重心点，这样可以集中视觉注意力。在对电商美工进行设计时，我们可以根据这一特性，利用封闭的几何图形将品牌文字、图案或者其他形象限定在几何图形内部，以增加受众的视觉聚拢感。

设计理念：这是一个店铺产品促销的文字设计。以冬天破冰的画面作为展示主图，具有很强的视觉动感。将文字直接摆放在画面中间位置，给消费者以直观的视觉印象。

色彩点评：整体以蓝色为主色调，浅

蓝色的背景，一方面与深蓝色形成同色系的鲜明对比，凸显产品；另一方面在白色雪花的作用下，给人以理智、冷静的感受。

🔵以不规则的破冰裂痕作为文字展示的载体，极具创意与趣味性。同时在颜色的对比中，凸显文字，极具宣传与推广效果。

🔵左下角的红色吊牌打折文字，在画面中十分抢眼，将信息进行直接的传达。

RGB=180,211,233 CMYK=34,11,6,0
RGB=30,71,121 CMYK=94,79,37,2
RGB=211,37,50 CMYK=21,96,82,0
RGB=255,255,255 CMYK=0,0,0,0

这是一个鞋子店铺相关宣传的详情页设计效果。把产品在一个正圆形内进行展示，在两种颜色的鲜明对比中，将产品原貌以及细节直观地呈现在消费者面前，使其一目了然。拼接式的背景，打破了单调与乏味，具有较强的活跃动感气息。顶部主次分明的文字，对产品进行了解释与说明。

RGB=254,242,232 CMYK=0,8,10,0
RGB=23,86,80 CMYK=89,58,69,21
RGB=218,216,217 CMYK=17,14,12,0
RGB=194,140,107 CMYK=30,51,58,0
RGB=21,16,16 CMYK=85,84,83,72

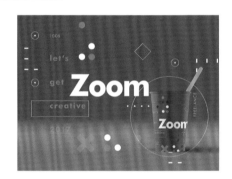

这是一个产品宣传展示页面设计。通过瓶身文字上由白色圆形圈出的区域与左侧变大的文字形成大小对比，体现变焦效果，给人以生动、直观的感觉。

RGB=109,93,254 CMYK=75,66,0,0
RGB=159,146,254 CMYK=47,44,0,0
RGB=255,255,255 CMYK=0,0,0,0
RGB=255,141,255 CMYK=21,50,0,0